科学、文化与人 经典文丛

巨匠利器

——卞毓麟天文选说

卞毓麟 著

科学普及出版社

·北 京·

图书在版编目（CIP）数据

巨匠利器：卞毓麟天文选说 / 卞毓麟著. — 北京：科学普及
出版社，2015.11
（科学、文化与人经典文丛）
ISBN 978 - 7 - 110 - 09233 - 0

Ⅰ.①巨… Ⅱ.①卞… Ⅲ.①天文学－普及读物 Ⅳ.①P1－49

中国版本图书馆CIP数据核字(2015)第210834号

策划编辑：苏　青　徐扬科
责任编辑：吕　鸣　王　珅
装帧设计：耕者设计工作室
责任校对：杨京华
责任印制：马宇晨

出版发行：科学普及出版社
地　　址：北京市海淀区中关村南大街16号
邮　　编：100081
发行电话：(010) 62103130
传　　真：(010) 62179148
投稿电话：(010) 62176522
网　　址：http://www.cspbooks.com.cn

开　　本：787毫米×960毫米　1/16
字　　数：210 千字
印　　张：14
版　　次：2015年11月第1版
印　　次：2015年11月第1次印刷
印　　刷：北京中科印刷有限公司

书　　号：ISBN 978-7-110-09233-0/P·175
定　　价：40.00元

作者简介

卞毓麟　1943年生，1965年南京大学天文学系毕业。现为中国科普作家协会副理事长、中国科学院国家天文台客座研究员、上海科技教育出版社编审、顾问。著译图书30种，发表科普文章约600篇。屡获全国和省部级表彰奖励，包括：全国先进科普工作者、全国优秀科技工作者、上海市科学技术进步奖二等奖、上海科普教育创新奖科普贡献奖一等奖、上海市大众科学奖、中国天文学会九十周年天文学突出贡献奖等。所著《追星——关于天文、历史、艺术与宗教的传奇》一书荣获2010年度国家科技进步奖二等奖。他还是唯一一位曾在享誉全球的科普与科幻大师艾萨克·阿西莫夫家做客的中国科普作家。

前　言

本书由上、下两篇组成。上篇"司天巨擘"说的是天文学家，下篇"观天慧眼"讲的是天文望远镜。它们的共同核心，是探索宇宙的奥秘。

古往今来，不知有多少人，在儿时就爱上了满天星斗，爱上了繁星密布的天穹。天文学就是研究星星——更广义地说则是天体——和宇宙的科学，天文学家就是专事探索和揭示宇宙奥秘的人。

日复一日，年复一年，越来越深刻地洞察宇宙的奥秘，乃是人类智慧的骄傲，也是文明进步的象征。历史上一些杰出的天文学家，诸如中国的张衡、一行，欧洲的哥白尼、伽利略等，对今天的社会公众来说，可谓早已耳熟能详。

笔者曾应多种出版物之邀，撰写介绍中外天文大家的通俗读物。今选出较有代表性的6篇长文，酌加修订，收入本书上篇"司天巨擘"中。前5篇文章分别叙说5位现代天文学家的传奇人生和辉煌业绩，他们是"轮椅天才"霍金、"星云世界的水手"哈勃、宇宙大爆炸理论的先驱勒梅特、非凡的"科坛顽童"伽莫夫和"孤独的科学旅人"钱德拉塞卡。第6篇文章介绍中国元代的大科学家郭守敬，它原是专为青少年写的；文字尤其浅显，叙述较为详细，篇幅也略长些。上述人物所处的时代背景、个人的性情和经历真是千差万别，这反倒使6篇文章具备了某种奇妙的共同点：鲜明而独到的人文色彩。

下篇"观天慧眼"描绘天文学家的利器——形形色色的天文望远镜，它们看似五花八门，实则井然有序。"坐观星河"寻踪光学望远镜的足迹、"太空电波"展示射电望远镜的崛起、"巨镜凌霄"彰显空间望远镜的风采，书中努力从历史掌故一直讲到最新进展。例如，目前多国正在合作研制的口径30米的光学望远镜（简称TMT），中国近年来落成的"大天区面积多目标光纤光谱天文望远镜"（已命名为"郭守敬望远镜"），坐落在上海佘山的口径65米的射电望远镜（已命名为"天马望远镜"），乃至正在贵州省平塘县快马加鞭地兴建的"500米口径球面射电望远镜"（简称FAST）——它的接收天线面积有30个足球场那么大！

不少人曾饶有兴趣地发问：霍金早年缘何终日狂听瓦格纳的音乐？哈勃如何成了好莱坞影星的偶像？伽莫夫的性情是否有点像金庸笔下的周伯通？如今最先进的望远镜威力到底有多大……本书谈到的，远不啻于此。

当今科学与时俱进，历史更无须臾之停歇。于是，在本书交稿后，又不得不为最新的事态撰写"补记"。也许，从今日阅毕校样，到全书印迄装订出厂，还会出现更多理应"补记"的事件——此类事情随时都有可能发生，那就只好日后伺机补阙了。

书名《巨匠利器》，如若当真咬文嚼字，或许易作《巨匠·利器》更加妥帖。但在无伤大雅的前提下，我同责任编辑吕鸣女士一致认为，尽可舍繁取简，省去中间那个分隔点。

感谢科学普及出版社，将本书纳入"科学、文化与人经典文丛"。"经典"二字重若千钧，笔者是以深感惶恐。但谈谈"科学、文化与人"却永远是一件乐事，愿与读者诸君分享、共勉。

卞毓麟

2015年6月18日

目 录
CONTENTS

目　录
CONTENTS

目录
CONTENTS

下篇 观天慧眼

坐观星河

太空电波

巨镜凌霄
　　——空间望远镜的风采 …………………………………192

上篇　司天巨擘

轮椅天才的奇迹

——霍金的人生和宇宙

斯蒂芬·威廉·霍金
1942年1月8日生于英国牛津

　　"轮椅上的天才"斯蒂芬·霍金举世闻名，他在宇宙学和黑洞研究方面取得的成果令各国科学家赞叹不已，人们甚至称他为"当今的爱因斯坦"。他的科普名著《时间简史》被翻译成不下40种文字，在全球的累计销量早已超过1000万册。他年轻时已身染肌萎缩性侧索硬化症，医生认为他只剩下了两年时间。可是，他不仅又活了20多个两年，而且在2006年6月第三次来华进行学术活动，甚至兴致勃勃地游览了天坛。《天文爱好者》杂志随即邀请本书作者撰写这篇长文，从2006年9月开始连载。今稍做修订，收录如次。

华兹华斯缘

　　科学技术和文学艺术一样，不能没有浪漫的想象。

　　18世纪后期，英国出现了以"湖畔诗人"华兹华斯、柯尔律治和骚塞为代表的第一代浪漫主义作家。他们生活的时代，大致同热衷于发现小行星的德国人奥伯斯以及计算出天王星运动反常的法国人布瓦尔相当。19世纪初，拜伦、雪莱和济慈成了英国第二代浪漫主义诗人的典范。

　　华兹华斯在凝视牛顿的半身塑像时，吟出了日后传诵全球的名句：

　　　　"这大理石标志的心灵，

　　　　　在奇妙的思维之海上永远航行，

　　　　　永远，永远，

　　　　　独自向前。"

今天，无论是亲眼目睹斯蒂芬·威廉·霍金的容貌，还是注视他在各种媒体上的形象，都会使我们想起华兹华斯赞颂牛顿的这首诗。

按照格里历——即现行的公历，牛顿是1643年1月4日出生的。但是，英国迟至1752年9月4日才开始采用公历。依照旧历——即儒略历，牛顿的生日乃是1642年的圣诞节。整整3个世纪后，霍金在英国出生。他的生日是1942年1月8日，那天恰逢天文望远镜的发明者伽利略逝世300周年。当时第二次世界大战正酣，霍金的母亲为躲避德军的轰炸而暂离伦敦，在牛津生下了他。

英国剑桥大学三一学院的牛顿像

父亲希望霍金学医，但他本人向往数学和物理。他于1959年进入牛津大学，在物理学上大为领先，以至于不太相信某些标准教材上所讲的内容。有一次，辅导老师帕特里克·桑德斯从一本教材中摘了一些题目让学生课后思考。在下一次辅导课上，霍金却说他没法解这些题目。当老师问其缘故时，他却用20分钟指出了那本教材上的所有错误。

在大学时代，霍金花在学习上的时间不多。他觉得自己那时给人的印象是：一个懒散、差劲的学生，不爱整洁，爱玩，爱喝酒，学习不认真。不过，

霍金的导师、英国著名理论物理学家和宇宙学家丹尼斯·西阿玛（1926—1999）

他低估了人们对其才能的高度评价。他在大学的最后一次、也是最重要的一次考试，得分介乎第一等和第二等之间。为此，主考官们决定再对他进行一次面试。在面试中，他们让霍金谈谈未来的计划。他答道："如果你们给我评第一等，我将去剑桥；如果我得第二等，我将待在牛津。所以，我希望你们给我第一等。"

考官们成全了他。1962年10月，霍金从牛津到剑桥，意在成为英国当时最有名望的天文学家和宇宙学家弗雷德·霍伊尔的研究生。然而，霍伊尔的学生太多了，霍金遂被指派给了丹尼斯·西阿玛。

"我从没听说过他。但那也许是最好的事情。霍伊尔经常出门，很少在系里，我不会引起他更多的注意。而西阿玛总在身旁，随时找我们谈话。他的许多观点我都不赞同，但它们激发了我去发展自己的理论图景。"

这番话，是2002年1月在剑桥大学隆重庆祝霍金60岁生日的报告会上，霍金亲口讲的。这次会上的报告者都是大师级的人物：马丁·里斯讲《复杂的宇宙及其未来》，詹姆斯·哈特尔讲《万物之理和霍金的宇宙波函数》，罗杰·彭罗斯讲《时空奇点问题：意味着量子引力吗》，基普·索恩讲《弯曲的时空》。霍金本人讲的题目是《果壳里的60年》，正文前的引语，便出自华兹华斯的长诗《序曲》：

"一个自在的心灵，永远

航行在奇妙的思想海洋。"

这些讲演于2003年结集出版，书名为《理论物理学和宇宙学的未来》。2005年，该书的中译本面世，书名译为《果壳里的60年》。

霍金的寓所华兹华斯小树林23号（霍金昔日的学生吴忠超教授摄）

现在，霍金在剑桥的寓所是华兹华斯小树林23号，看来他与华兹华斯真是有缘。

可怕的ALS

西阿玛是一名非常优秀的科学家，一位出色的导师。他早期带领的学生，后来几乎都成了宇宙学领域中的明星：上面提到的马丁·里斯后来成了皇家天文学家；乔治·埃利斯曾与霍金合著《时空的大尺度结构》一书（此书题献给西阿玛，被人们推崇为"相对论宇宙论的《圣经》"）；布朗顿·卡特成了巴黎天文台的科研主管；霍金本人则于1979年37岁时成了剑桥大学的卢卡斯讲席数学教授。

当初，牛顿是在1669年27岁时，继他的老师巴罗之后当上剑桥大学卢卡斯讲席数学教授的。该职位由一个姓卢卡斯的人出资设立，故此命名。霍金对这个职位颇为在意，自牛顿以来的300年间曾担任过该讲席教授的所有人名——例如量子力学的奠基人之一狄拉克，他都记得一清二楚。

对霍金来说，被指派作为西阿玛的研究生，不仅不是灾难，而且是一种福分。但是另一方面，在牛津的最后一段时间里，他终身的灾难却已经初露端倪。霍金感到自己系鞋带有困难了，腿不太听使唤，走路老是撞上别的东西，讲话有时发音含混，不过他什么也没告诉别人。

1962年年底，霍金从剑桥回家同父母一起过圣诞节。除夕夜，他们家举行晚会。应邀前来的有一位名叫简·怀尔德的姑娘。她觉得霍金很有魅力，很快就被他吸引住了。然而，也就在那次晚会上，亲友们发现他竟然连倒酒都有困难，大部分酒都倒在了桌布上。这真是不祥之兆。

1963年1月，霍金回到剑桥，被送进医院做一系列检查，诊断结果是他患上了"肌萎缩性侧索硬化症"。国际上此病的学名叫amyotrophic lateral sclerosis，简称ALS。该病又叫卢伽雷病，因美国历史上著名的棒球手卢伽雷患有此病而得名。在英国，这种病常被称为"运动神经症"。此病很罕见，且无法治愈，它会影响脊椎神经索和控制运动功能的那部分脑，但是，思维和记忆之类的高级功能却不会受影响。这种病通常以手肌无力和萎缩为首发症状，病程晚期出现舌肌萎缩和震颤，构音不清，吞咽困难，饮水呛咳等。患者身体会逐渐残废，最后常因呼吸困难、肺部感染、全身衰竭而死亡。此病没有痛楚，但在疾病的最后阶段医生仍会用吗啡来缓解病人的慢性抑郁症。

医生曾说霍金：还有两年时间。有一段时间，霍金陷于深深的绝望之中，成天听瓦格纳的音乐。后来他曾表示，"他（瓦格纳）的乐曲风格和我阴暗的情绪相投"。那时，他做了一些痛苦的梦，多次梦见自己将被处死。但他后来想到，倘若自己被判了死刑缓期执行，那么还是可以做很多值得做的事情："如果我反正终将死去，那不妨做些好事。"

霍金从极度沮丧中回到学业上来之后，他父亲曾经找西阿玛商量：斯蒂芬是否有可能在短于3年的时间内获得博士学位，因为他恐怕活不满3年了。然而，这位导师的回答是："不。"西阿玛也许比任何人都了解自己这个学生的能力，但他不能因为霍金而改变原则。西阿玛曾经说过："我知道斯蒂芬有病，但我对他和其他同学一视同仁"，而霍金本人所希望的也正是如此。

简的出现，是霍金生活的重要转折点。她使霍金振作起来，重新树立起生活和学习的决心。1964年10月的一个周末，霍金在剑桥向简求婚，简立即同意了。那时，霍金走路已经不得不借助于拐杖，但他决不向疾病低头。

霍金很幸运，不久又遇到了杰出的青年数学家罗杰·彭罗斯。彭罗斯帮他解决了研究中的一个难题，这不仅使他的博士论文得以顺利完成，而且

德国作曲家瓦格纳（1813—1883）。霍金一生都很喜欢他的音乐作品

将他直接带领到了理论物理学研究的前沿阵地。

情钟宇宙学

霍金就读牛津大学物理系时的指导老师是罗伯特·伯曼教授。他认识到霍金是一个天才，并曾这样谈论霍金：

"他显然是我所教过的学生中最聪明的。""霍金不仅聪明，甚至不能用聪明来衡量。按照正常的标准，不能说他非常用功，因为这实在没有必要……我想我真正的作用只是监督他学习物理的进度。我不能自夸曾经教过他什么东西。"

大学毕业时，霍金觉得，在当时理论物理学的两个重要研究方向——宇宙学和基本粒子物理学中，宇宙学对他具有更大的吸引力。这是因为宇宙学已经具有一个明确的理论框架，即爱因斯坦建立的广义相对论。而另一方面，当时的基本粒子物理学却缺乏某种合适的理论框架。物理学家们不断地发现新的粒子，然后就像植物学那样进行分类，霍金觉得这很乏味。

"宇宙学"这门学科，是把整个宇宙看作一个整体，来探索它的结构、运动、起源和演化。古人的地心宇宙体系，是早期宇宙学的主要成果。16世纪，哥白尼提出了日心宇宙体系，使人们认识到地球并不是宇宙的中心。18世纪，英国天文学家威廉·赫歇尔发现太阳在银河系中不停地运动着，因此太阳也不是什么宇宙的中心。20世纪初，美国天文学家沙普利证明，太阳并不在银河系的中心，而是比较靠近银河系的边缘。20世纪20年代，美国天文学家哈勃开创星系天文学，证明了银河系只是宇宙间无数星系中的一员。就这样，人类的视野扩展到了越来越遥远的太空深处。如今人类观测到的宇宙范围约为140亿光年。

在理论方面，牛顿在300多年前，已将他发现的力学定律和万有引力定律用于探讨整个宇宙的行为，这使宇宙学成了一门真正的近代科学。1916年，爱因斯坦发表了关于时间、空间和引力的一种崭新的理论——广义相对论。根据这种理论，可以推算宇宙作为一个整体所具有的结构和特征。因此，人们通常说爱因斯坦开创了现代宇宙学。

同许多别的学科一样，现代宇宙学也有不同的学派，产生了各种不同的理论。这些理论，都必须不断经受天文观测事实的检验。能和新的观测结果相吻合的理论，将会获得新的生命力；和新的观测结果相矛盾的理论就难免衰落乃至消亡。

1929年，哈勃发现几乎所有的星系都正在远离我们而去，而且离我们越远的星系远去的速度就越快。哈勃的这项发现，奠定了现代观测宇宙学的基础。不久，英国天文学家爱丁顿指出，哈勃的发现正好证实了爱因斯坦广义相对论预言的几种可能性之一：宇宙在膨胀！

我们的宇宙正处在一种宏伟的整体膨胀之中，这使得所有的星系不仅仅是远离我们而去，实际上它们相互之间全都在彼此远离。你到任何一个星系上去，都会看到同样的情景。这有如一只镶嵌着许多葡萄干的面包正在不停地膨胀，面包中所有的葡萄干就会彼此离得越来越远。

宇宙膨胀这一崭新的科学思想深深动摇了宇宙静止不变的陈旧观念，它是20世纪科学中意义最为深远的杰出成就之一。问题是：造成这种膨胀的原因是什么？这种膨胀究竟始于何时？

可以想象，既然星系都在彼此四散分离，那么回溯过去，它们就必然比较靠近。如果回溯得极为古远，那么所有的星系就会紧紧地挤在一起。人们自

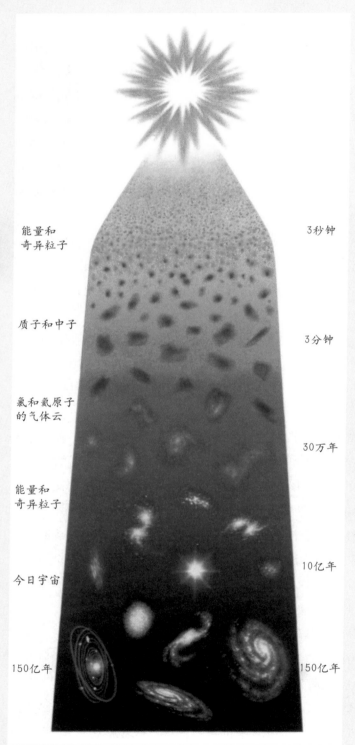

能量和
奇异粒子 —— 3秒钟

质子和中子 —— 3分钟

氢和氦原子
的气体云 —— 30万年

能量和
奇异粒子

今日宇宙 —— 10亿年

150亿年 —— 150亿年

然会想：我们的宇宙也许就是从那时开始膨胀而来，也许那就是我们这个宇宙的开端。

首先这样描绘宇宙开端的是比利时天文学家勒梅特，他设想那个极其致密的原始天体在一场无与伦比的爆发中炸开了，爆炸的碎片后来成了无数个星系，它们至今仍在继续向四面八方飞散开去。1948年，美籍俄裔物理学家伽莫夫继承并发展了这种想法。他计算了那次爆炸的温度，计算了应该有多少能量转化成各种基本粒子，进而又怎样变成

大爆炸和宇宙演化示意图。图的顶部象征着大爆炸，右侧的一列数字代表从大爆炸起算所经历的时间，左边的文字表示相应于这些时刻宇宙中出现的物体

了各种原子，等等。后来，人们把最初那个爆发性的开端称为"大爆炸"，这种理论则称为大爆炸宇宙论。

几十年来，大爆炸宇宙论成功地解释了众多的天文观测事实，因而成为当代最有影响的一种宇宙理论。与此同时，它也依然面临着不少尚待解决的新难题。为此，宇宙学家们从20世纪80年代初以来，先后提出了一系列新奇的思想：暴胀宇宙、量子宇宙、弦论、超引力、万物至理、M-理论、膜世界等，身残志坚的霍金一直是斗志昂扬的领军人物。

黑洞和奇点

霍金真正的研究工作是从黑洞和奇点开始的。"黑洞"这个名称，起初由美国著名物理学家约翰·惠勒于1969年正式提议使用。那么，究竟什么是"黑洞"呢？

"黑洞"这个名称的第一个字"黑"，表明它不向外界发射和反射任何光线或其他形式的电磁波。因此人们无法看见它，它是"黑"的。第二个字"洞"，是说任何东西只要一进入它的边界，就休想再溜出去了，它活像一个真正的"无底洞"。

假如用一盏威力巨大的探照灯向黑洞照去，它是不是就原形毕露了？不。射向黑洞的光无论有多强，都会被黑洞全部"吞噬"，不会有一点儿反射。"洞"之"黑"依然如故。

黑洞并非科学家们在一夜之间突然想到的。早在1798年，法国科学家拉普拉斯就根据牛顿的力学理论推测："一个密度像地球、直径为太阳250倍的发光恒星，在其引力作用下，将不允许它的任何光线到达我们这里。"对这些话，可以做如下的理解——

宇宙飞船要脱离地球进入行星际空间，速度至少要达到11.2千米/秒，否则它就摆脱不了地球引力的束缚。这11.2千米/秒的速度，就是一个物体从地球引力场中"逃逸"出去必须具备的最低速度，称为地球的"逃逸速度"。太阳的引力比地球强得多，因此太阳的逃逸速度要比地球的大得多，等于618千米/秒。如果一个天体的逃逸速度达到或超过了光速，那么就连光线也不可能逃逸出去了。这样的天体就是黑洞。宇宙间没有任何物体的速度能超过光速。既然连光都逃不出黑洞，那么其他一切东西当然也就逃不出去了。

人们经常用这种图示来解释广义相对论：放在有弹性的橡皮布上的重物，代表一颗恒星或整个星系，橡皮布上的网格代表4维时空。重物的质量越大，时空就凹陷得越深，从重物近旁经过的东西也越难逃脱落到该重物上的厄运

随着科学的发展，人们对黑洞的认识逐渐深入。如今，关于黑洞的更正确的说法是："黑洞是广义相对论预言的一种特殊天体，它的基本特征是有一个封闭的边界，称为黑洞的'视界'；外界的物质和辐射可以进入视界，视界内的东西却不能逃逸到外面去。"因此，黑洞的视界宛如一道单向的边界，人们有时称之为"单向膜"，进入视界的光或任何物体都不能复出。

黑洞是看不见的。然而，天文学家推测，在X射线波段仍有可能探测到双星系统内的黑洞。因为，当一颗正常恒星的外层物质流向它的大质量致密伴星时，这些物质就会形成一个发出X射线的吸积盘。倘若这个大质量伴星是一颗中子星，那么当吸积盘中的物质最终撞向这颗中子星的固态表面时，就会发出更多的高能X射线。但是，倘若大质量伴星是一个黑洞，那么当吸积盘中的物质非常接近黑洞的视界时，所发出的大部分X射线就都将掉进这个黑洞。这说明，由于视界的限制，黑洞双星的X射线辐射要比中子星双星暗得多。

黑洞这种"只进不出"的秉性，使它有了一个不雅的外号："太空中最自私的怪物"。但是，20世纪70年代，

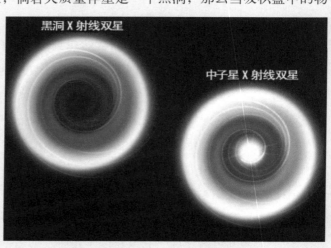

黑洞 X 射线双星

中子星 X 射线双星

在观测两类不同的X射线双星时，可以发现其中之一（大质量伴星是中子星）的亮度要比另一种（大质量伴星是黑洞）亮上百倍

以霍金为首的一些学者基于量子理论，对黑洞做了更缜密的考察，结果发现黑洞还具有另一种出乎始料的特征，即它会像"蒸发"那样稳定地向外发射粒子。考虑到这种"蒸发"，黑洞就不再是绝对"黑"的了。

霍金还证明，每个黑洞都有一定的温度，而且温度的高低和黑洞的质量成反比。也就是说，大黑洞的温度很低，蒸发也很微弱；小黑洞的温度很高，蒸发也很强烈，类似剧烈的爆发。一个质量像太阳那么大的黑洞，大约需要10^{66}（即"1"后面跟着66个"0"）年才能蒸发殆尽；但是质量和一颗小行星相当的小黑洞，却会在10^{-22}（小数点后面21个"0"再跟上一个"1"）秒内蒸发得干干净净。

今天我们知道，所有这些，在研究天体和宇宙的起源和演化时，都具有非同寻常的重要性。回想当初，却是西阿玛和彭罗斯将霍金引上了通向黑洞之路。事情的起因是——

西阿玛经常安排学生参加重要的学术活动。1964年，也就是霍金取得博士学位的前一年，在伦敦举行的一次研讨会上，彭罗斯介绍了自己用新的数学方法证明了：如果一颗恒星在自身引力作用下最终坍缩成为一个黑洞，那就必然会存在奇点。

"奇点"究竟是什么东西？一般说来，在数学上，奇点是数学函数无法定义的点，在该点函数值发散至无穷大。而在广义相对论中，奇点是时空的一个区域，在这个区域中时空弯曲得如此厉害，甚

黑洞和奇点的艺术创意图，其中奇点被描绘成黑洞深处的一个黑点。图中共画出五条光线，外面的三条因受黑洞的引力作用而依次弯曲得越来越厉害，但最终都还是离开了。第四条光线恰好处于既未落入黑洞、又不能远走高飞的临界状态，它将长久地绕着这个黑洞打转。最里面的第五条光线完全被黑洞俘获，永远不能复出

至广义相对论中的定律都不再有效。

霍金认真思考了彭罗斯的工作，若有所悟。他对西阿玛说："如果把彭罗斯的'奇点理论'用到整个宇宙上，而不仅仅用在黑洞里，那又会发生什么事情呢？"

西阿玛意识到霍金的想法非同寻常，十分赞同，就将它作为霍金的博士论文题目。这不是一个简单的问题，但困难正好激发了霍金的兴趣和热情。正如他后来所说的那样："我一生中第一次开始努力工作。出乎意料的是，我发现自己喜欢它。"

霍金努力学习有关的数学知识，奋战几个月完成了这篇博士论文。论文的精华，是得出了非常重要的结论：如果广义相对论是正确的，那么过去必然曾经有过一个奇点，这就是时间的开端。这个奇点之前存在的任何事物，都不能被认为是这个宇宙的一部分。

通过答辩，23岁的斯蒂芬成了霍金博士。接着，他成为剑桥大学冈维尔—凯斯学院的研究员。从1966年起，著名科学史家、汉学家李约瑟出任该学院的院长，直至1976年退休。

在宇宙学的星空中，霍金这颗超新星的能量和光辉简直令人目瞪口呆。他于1977年升任教授。

面积定律

1965年7月14日，霍金和简登记结婚。翌日，他们在剑桥大学三一学院的一个教堂举行婚礼。婚后一个星期，霍金接到邀请，出席美国康奈尔大学举办的一次学术会议。简随同前往，目睹了理论物理学家们高度抽象的思维方式以及他们之间的激烈争辩。在这种场合下，他们的妻子很容易就被忽视了。简不由得产生了这样的感觉："物理学似乎以这种或那种方式使物理学家的妻子都做出了牺牲……她们实际上都已经成了寡妇——物理学的寡妇。"然而，今后生活的无比艰难，还远非简在当时所能想象。

1965年是霍金的幸运年。这年冬天，他以论文《奇点和时空几何学》与彭罗斯分享了"亚当斯奖"。这一奖项的科学地位很高，霍金23岁就获此殊荣，真让他的同伴们赞叹不已。西阿玛欣喜地告诉简说，霍金的前程将有如牛顿那样辉煌。这令简惊喜非凡。她衷心地感激这位导师的坦率和诚挚。

斯蒂芬·霍金和简·怀尔德的婚礼照。霍金身边是他的父母，简的身旁是她的双亲

但是，霍金的身体状况很令人担忧。1966年年初，霍金夫妇住进了剑桥大学小圣玛丽胡同6号，他们的卧室在二楼。随着病情加剧，霍金上楼越来越艰难了。到后来，他每次要花15分钟才能把自己的身体拖到二楼。然而，他坚决拒绝别人帮助。他觉得，每一次屈服都意味着他将永远丧失一种生活能力。

1967年5月28日晚10时，霍金和简迎来了他们的第一个儿子——罗伯特。在此之前两个月，简实现了自己对父亲的承诺，完成在伦敦大学的学业，获得了学士学位。

1967年7月17日，霍金夫妇带着满月未久的罗伯特，去美国西雅图的巴特尔纪念研究所参加一个暑期讨论班。在那里，霍金直观把握复杂概念的能力，想象多维数学结构的才能，连同他深远的洞察力和非凡的记忆力，受到了人们的高度重视。他的威信如日东升。

1969年，霍金受聘剑桥大学冈维尔—凯斯学院的一个特殊职位——科学名人研究职位，任期6年。而与此同时，霍金走路已经十分困难。终于，他做出了让步，同意以轮椅代步。

1970年11月2日上午8时，罗伯特增添了一个妹妹——露西。简坚韧不拔地独力支撑全家，照料残疾的丈夫和两个幼小的孩子。

霍金的研究需要用到大量极复杂的数学方程式，但他的手既不能打字，也无法书写。这就迫使他把一切都记在大脑中。他的一位朋友曾说：

> "在最近的一次研讨会上，人们看到黑板上写满霍金那些像五线谱一样复杂的数学式子，一定会想到他就有如莫扎特在头脑中创作和演奏一部完整的交响乐。"

1973年，霍金和乔治·埃利斯合著的《时空的大尺度结构》由剑桥大学出版社出版。它很深奥，直到今天仍被视为宇宙学领域中的经典。31岁的霍金，学术地位已经相当稳固。

此时，霍金和彭罗斯业已证明：两个黑洞相撞时将会合并，合并后形成的那个新黑洞的表面积绝不会小于原先那两个黑洞的表面积之和。

这种情形，使霍金想到了著名的热力学第二定律：在一个封闭系统中，分子运动的"无序"程度只会越来越严重。例如，一滴墨水滴入一缸清水中，墨水不久就会扩散到整缸水里。而另一方面，已经扩散开来的墨水却绝不可能自

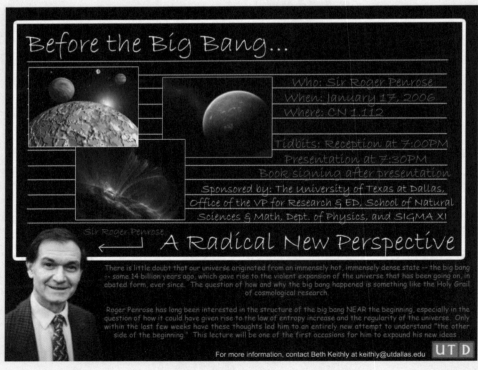

进入21世纪后，古稀之年的彭罗斯依然是活跃在宇宙学和黑洞研究前线的一员骁将

动重新聚拢成一滴。物理学家将水缸中墨水"无序运动的程度"称为"熵"。熵越大，就越没有秩序。热力学第二定律说的就是：

"一个封闭系统中的熵，只会增大，不会减小。"

霍金将黑洞的"表面积只会增大"与封闭系统的"熵只会增大"联系起来。这一超越前人的思想使他兴奋异常："我对自己的发现是如此激动，以致当天几乎彻夜未眠。"第二天一早，他就把这一想法告诉了彭罗斯。后来，霍金的这一发现被称为黑洞的"面积定律"。

霍金辐射

20世纪初，物理学中出现了两个意义深远的重要理论：一个是研究时空、引力和宇宙结构的相对论，另一个是研究原子微观结构的量子力学。霍金之前的许多物理学家——包括爱因斯坦，都曾试图将这两种理论统一起来，但是失败了。刚过而立之年的霍金，通过对黑洞的研究，朝相对论和量子力学的统一迈出了重要的一步。事情的经过是这样的——

1973年9月，霍金在莫斯科访问了苏联著名物理学家和宇宙学家泽尔多维奇。当时，泽尔多维奇的研究小组正在探索黑洞的量子力学问题。同这个小组的讨论，对霍金很有启发。原来，泽尔多维奇早在1969年就意识到旋转的黑洞应该发出辐射，这种辐射应该是广义相对论和量子理论的结合物或半结合物。泽尔多维奇相信，辐射基本上由黑洞的旋转能量产生；黑洞发出辐射损失了能量，致使旋转变慢，最后辐射也会渐趋停止。

霍金觉得泽尔多维奇的解释不能令人完全信服。于是，他用自己的方式重新思考了这个问题。他埋头计算了两个多月，结果发现由于量子力学效应，黑洞会向外喷射物质和辐射。这种"黑洞辐射"使黑洞丧失能量和物质，因而变得越来越小。而黑洞越小，辐射活动就越剧烈。因此，结论必然是：黑洞迟早会以一场爆炸而告终。

1974年年初，霍金将这一切告诉了马丁·里斯。里斯正巧遇到西阿玛，遂急切地对自己的恩师说：

"您听说了吗？一切都不同了，霍金改变了一切。"

里斯解释说，霍金发现：由于量子力学效应，黑洞像热体那样辐射，所以黑洞不再是黑的了！这就使得热力学、广义相对论和量子力学有了新的统一，

"这将改变我们对物理学的理解！"

1974年3月1日，英国的权威性学术刊物《自然》（Nature）刊登了霍金的论文，题为"黑洞爆炸"。文中严密地表述了关于黑洞辐射的新发现。不少人认为这一发现是近年来理论物理学最重要的进展，西阿玛也言简意赅地说："霍金的论文是物理学史上最漂亮的论文之一。"

霍金的轿车，车尾的不干胶字条上写着："黑洞是看不见的"

从此，霍金发现的这种黑洞辐射就被称为"霍金辐射"。从此，人们也开始称霍金为"当今的爱因斯坦""黑洞的主宰者"，甚至"宇宙的主宰"。

1974年3月中旬，霍金和简获悉，他将被选为英国皇家学会会员。对英国科学家而言，这是一项至高的荣耀。一名32岁的年轻人居然获此殊荣，在历史上相当罕见。

5月2日，在伦敦，皇家学会大讲堂里举行隆重的入会仪式，新会员一个接着一个走上讲台，在入会簿上签名。轮到霍金了，有人把签名簿从讲台上递下来，霍金坐在轮椅中签上自己的名字。他在热烈的掌声中露出微笑，简也感动得热泪盈眶。

三次打赌

霍金的身体每况愈下，他的言语变得含混不清。身为基督教徒的简对此感到茫然，不禁悲叹道："只有发生奇迹，才能解决我们面对的问题。我当然不能指望从大弥撒的浓浓香气中得到一个奇迹。"

后来，她想到一个不寻常的主意：请霍金的研究生来家同住。他们帮助霍金穿衣、洗澡、上下汽车，等等，回报则是免收房租以及霍金对他们学业的关注。就这样，卡尔和阿德斯两人住到了霍金家里。大家觉得这对双方都有益。

这时，美国加州理工学院的基普·索恩给霍金发来邀请信，请他作为访问学者到那里工作一学年。学院提供的条件相当优越，霍金全家同往，连电动轮椅、理疗都做了最妥善的安排，而且卡尔和阿德斯两人也同时被邀。

1974年8月27日，霍金一家四口同上述两名学生飞抵洛杉矶。有了电动轮椅，霍金行动就自由多了。它可以比先前的轮椅跑得更快，只是其固体凝胶电池很重，遇到台阶要人抬就很吃力。

科学家往往喜欢为严肃的事情增添些许幽默。例如，为尚未揭晓的科学疑谜打赌。霍金同索恩打过三次赌，第一次是在1974年12月，赌的是：天鹅座X-1中是否包含一个黑洞。天鹅座X-1是位于天鹅座中的一个著名的X射线源。索恩认为那里有一个黑洞，霍金则认为没有。他们立下赌状：如果那里真有黑洞，霍金就给索恩订一年的《阁楼》杂志；如果没有黑洞，索恩就给霍金订四年的《私家侦探》杂志。

天鹅座X-1中央是否有一个旋转的黑洞？

其实，按照霍金本人的黑洞理论，天鹅座X-1中是应该有黑洞的，但他故意把赌注下在"没有黑洞"上。打赌的结果是索恩赢了，他按时收到了霍金为他订的《阁楼》杂志；而这恰好也说明霍金的黑洞理论原本是正确的。

1991年12月24日，霍金和索恩又为"宇宙中是否存在'裸奇点'"打赌。前文曾谈及，奇点是这样的一个点，在这个点上我们熟知的物理学定律不再奏效。"裸奇点"则指赤裸的奇点，没有任何东西包围着它。

霍金认为奇点只能存在于黑洞之中，它不可能是"裸"的。索恩的看法则相反，站在他一边的还有普雷斯基尔。这一次的赌注是：如果霍金输了，他要付给索恩和普雷斯基尔100英镑；如果他赢了，对方付给他50英镑。与此同时，输方还要给赢方一件"以蔽裸体"的衣裳。

霍金又输了。但他不服气，拒不支付那100英镑。不过，他还是给了索恩和普雷斯基尔每人一件"以蔽裸体"的T恤，上面写着"大自然厌恶裸奇点"。霍金这次只是"半认输"，他只承认在"特殊情况"下可以形成裸奇点，但在"一般情况"下，裸奇点还是被禁止的。

霍金认为，黑洞不能向外界释放任何信息；一个天体如果最后坍缩成一

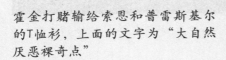

霍金打赌输给索恩和普雷斯基尔
的T恤衫，上面的文字为"大自然
厌恶裸奇点"

个黑洞，那么它的大量信息就从此完全丧失。这称为"黑洞信息佯谬"。倘若情况果真如此，那么大自然就有了更大的不确定性。

这里所说的不确定性，涉及量子力学中的一条基本原理，即德国物理学家海森堡于1927年首先提出的"不确定关系"。这一"关系"表明，一个微观粒子的某些物理量，例如位置和动量，不可能同时具有确定的数值。其中一个量愈确定，另一个量的不确定程度就愈大。假如我们获知某一微观粒子的速度（或动量）具有某个相当精确的数值，那么它在该时刻的空间位置必然就相当地不确定，以至于我们只能说出它位于某处的可能性（即概率）有多大，而不可能确定它究竟处在空间的哪一点上。

爱因斯坦不赞成上述这种基于"概率"的诠释。对此，他有一句名言："我不相信上帝会玩掷骰子的游戏！"

丹麦物理学大师尼尔斯·玻尔反驳道："你怎么知道上帝不掷骰子呢？"

霍金的见解则仿佛在说："上帝不仅掷骰子，有时他还把骰子掷到了没法看见的地方。"

但是，索恩和普雷斯基尔认为，黑洞可以隐藏它内部的信息。于是，他们在1997年2月5日同霍金就"黑洞到底能不能释放信息"打赌。当时霍金的手早已不能写字，便在赌状上按了指印。赌注是一本《棒球百科全书》。霍金在2004年7月21日正式认输，他承认："上帝没有把骰子掷到我们无法看见的地方去。"

科学家们凭借各自的经验和直觉就尚未证实的猜想打赌，可以说是醉翁之意不在酒：他们看重的并非赌注，而是期望早日查明事实真相。这也是科学家们在紧张的劳动之余，乐于进行的一种情趣高雅的消遣。我们可以看到，像霍金这样的智者，也不乏失误的时候。科学就是在不断尝试和失败中发展起来的，爱因斯坦和牛顿，不也都犯过这样那样的错误吗？

面晤教皇

霍金不信仰宗教。他说过：

　　"我们只是一颗小小行星上的一些微不足道的生物，我们这颗小小的行星环绕着一颗普通的恒星转动，这颗恒星处于一个星系的边缘地带。而宇宙中又有1000亿个这样的星系，所以难以相信上帝会关心我们，或者注意我们的存在。"

然而，1975年4月，这位不信教的科学家竟到梵蒂冈接受了教皇保罗六世授予他的奖章。一开始，霍金想到了伽利略遭到的不公正对待，他渴望教会能给伽利略平反，并犹豫自己要不要到梵蒂冈去。

最后他还是去了。授奖时，出现了令人惊愕的一幕。霍金坐着轮椅，无法走上领奖台。正当几个人准备把他连人带椅抬上去时，保罗六世突然说道："慢！应该是我下去。"

教皇是上帝的代言人。信徒们即便能够吻到教皇的鞋子，都会幸福得如醉如狂。所有在场的其他人，都没有想到教皇竟然亲自走下领奖台，把奖章挂到霍金的脖子上。霍金非常感动地说道："我实在不敢当。"保罗六世的回答则是："同你做出的努力相比，我从台上下来，实在微不足道。"

教皇的这一举动无疑是高尚的。不过，他宣布霍金获奖的原因却有点滑稽："我们年轻的朋友斯蒂芬·霍金博士，在1970年证明了大爆炸。这在科学上已经接近证明了上帝的存在。所以，教皇科学院理所当然地愿意把教皇庇护十二世奖章颁发给杰出的霍金。"

意大利画家克里斯蒂亚诺·班蒂作于1857年的油画，表现1616年罗马教廷传讯伽利略的情景

1978年8月，教皇保罗六世去世。1978年10月，约翰－保罗二世继位。1979年11月10日，在纪念爱因斯坦百年诞辰的大会上，新教皇大胆地表达了应该为伽利略恢复名誉的意向：

"伽利略表述了属于认识论性质的一些准则，这些准则，对于调和《圣经》与科学之间的矛盾是不可缺少的。""我希望神学家、学者和历史学家能够在真诚合作精神的推动下，更为深刻地认识伽利略事件，坦诚地承认错误，无论它来自哪一方。藉此我希望能够消除许多人心中仍在构成障碍的误解，达到科学与信仰的繁荣和谐。"

1981年，梵蒂冈教皇科学院召开宇宙论会议，霍金应邀出席，并在会议上首次发表了"无边界宇宙"的思想。会后，教皇接见与会学者。按惯例，此时教徒应向教皇行跪礼以示敬爱。但当霍金驱动轮椅到达约翰－保罗二世面前的时候，难以置信的一幕出现了：教皇起身，在霍金的轮椅前跪下来，以便双目平视地与霍金谈话。

四周的教徒目瞪口呆。约翰－保罗二世问：

"您正在研究什么呢？"

"我正在研究宇宙的边界条件是不是能成立。"

"我希望您的研究成果能使人类更加进步和幸福。"

霍金感到，天主教对待宇宙论已经比伽利略的时代宽容多了。确实，历史在前进。1980年10月，教皇约翰－保罗二世在梵蒂冈举行的世界主教会议上，正式提出重审伽利略案。1992年11月31日，约翰－保罗二世正式为伽利略冤案平反，宣称伽利略并没有反对罗马教皇，也不再将其名著《关于两大世界体系的对话》视为异端邪说。

1986年，霍金被选为教廷科学院院士，约翰－保罗二世又一次接见了他。简和第三个孩子蒂莫西同往。教皇一只手放在蒂莫西的头上，另一只手按在霍金和简的手上，安详地同他们交谈，并向霍金这位不屈的科学家祝福。

但是，霍金这时已经不能讲话了。1985年他得了肺炎，做了切开气管的手术。从此，他的嗓子不能再发出声音，只能靠电脑声音合成器与人交流了。

他和简的小儿子蒂莫西是1979年3月底出生的，那正好是霍金就任剑桥大学卢卡斯讲席数学教授的同一年。

卢卡斯讲席教授

20世纪70年代后期，黑洞逐渐成了社会公众普遍感兴趣的话题，这在很大程度上要归功于霍金等科学家的普及宣传。早在70年代中期，霍金已开始经常在媒体上露面。1977年，英国广播公司——即著名的BBC——播出纪实节目《宇宙的主人》，其中报道了霍金的生活和病痛，也反映了他研究黑洞的艰辛和成就。简认为这是科学家纪录片中的上乘之作，即使是科学内容，也像抒情诗那样优美和流畅。

1974年3月霍金成为英国皇家学会会员之后，接二连三地获得了许多荣誉和褒奖。但直到1975年，他才得到第一个正式职位——高级讲师。1977年3月，剑桥大学决定为他特设一个"引力物理学教授"的职位。只要他待在剑桥，此职就非他莫属。同年，凯斯学院特别授予他教授级研究员职位。

霍金在牛津大学求学时的指导老师伯曼教授推荐他为牛津大学的荣誉研究员。伯曼在给评审委员会的信中说道：

> 也许，请求考虑一个不到35岁的人担任荣誉研究员会使人感到吃惊。在此，我提出两点理由。首先，他的杰出才华应该作为例外来考虑，我们不一定要等到人们普遍认为他是一个闻名于世的人物时才这样做。事实上，有关黑洞的每一篇文章和每一次讲演都提到了霍金，他的著作——《时空的大尺度结构》，是每一位宇宙学家所期待的'圣经'。

> 其次，霍金患有严重的疾病，并且被束缚在轮椅上；逐渐严重的瘫痪症通常会使患者的寿命变得很短，他的身体状况很可怕，但他的心智正常。我不希望要到他得了诺贝尔奖时才有所行动。

没有人反对，伯曼的推荐通过了。迈克尔·怀特和约翰·格里宾在他们合著的《斯蒂芬·霍金——科学的一生》中深有感触地写道："一个16年前在牛津大学只知道在公共场所涂鸦，喝酒的时间比学习时间更多的懒汉，已经取得了巨大的成就！"

1979年11月，霍金被任命为剑桥大学的卢卡斯讲席数学教授。这一职位历来任职者都很有名望。首任卢卡斯讲席数学教授是牛顿的恩师艾萨克·巴罗；第2任是牛顿；第10任卢卡斯讲席数学教授是乔治·艾里，他仅在任两年，后

剑桥大学三一学院教堂里的艾萨克·巴罗雕像。巴罗是牛顿的老师，在几何学、光学、古典文学和神学诸方面均有颇多建树

来成为皇家天文学家，又是海王星发现史上广遭批评的人物；乔治·斯托克斯是第13任，担任此职长达54年之久，他以流体力学中的刘维尔—斯托克斯方程著称；第15任是狄拉克；霍金则是第17任卢卡斯讲席数学教授，1980年他正式就任，原先为他特设的引力物理学教职就此自动取消。

1980年，英国女王伊丽莎白二世出席剑桥大学建校500周年纪念大会。当她经过霍金身边时，低声地问旁人："喂，这不是那位提出黑洞学说的人吗？"真道是：位居庙堂之高，身处江湖之远，谁个不知霍金大名？

1981年年底，女王宣布1982年新年授勋名册。霍金由于黑洞研究方面的开创性工作被封为英帝国二等勋位爵士。1982年2月23日在白金汉宫举行授勋仪式，简、罗伯特和露西陪同霍金前往。霍金在受勋者的队列中，由罗伯特缓缓推动轮椅，来到女王面前。女王亲手将红白相间的十字形勋章挂到霍金颈上。勋章上的题词是"为了上帝和帝国"。

1989年，霍金又一次受勋。这次被授予的是英帝国最高荣誉称号之一"勋爵"，是对公职人员和知识分子的最高表彰。授勋仪式在7月举行，女王高兴地宣布将勋爵勋章授予霍金。简代表霍金接受了勋章，大声读出上面的题词："行为忠诚，荣誉高尚。"

"谢谢，陛下。"霍金用语音合成器致答词。然后，简将一本已由霍金按上拇指印纹的《时间简史》敬献给女王。

《时间简史》

直到20世纪80年代初，霍金一家的经济状况始终不佳。他们希望让3个孩子都上最好的学校，而霍金本人则迟早必须请专人护理照料，仅靠当教授的薪水尚不足以应付所有这些需求。他曾说："我在1982年首次打算写一本有关宇宙的通俗读物，我的部分动机是为我女儿挣一些学费。但其主要原因是我要向人们解释，在理解宇宙方面我们已经走了多远：我们也许已经非常接近于找到描述宇宙中万物的完整理论。"

这本"有关宇宙的通俗读物"，就是日后的《时间简史》。

早先，剑桥大学出版社的编辑米顿一直劝霍金为公众写一本介绍宇宙学的通俗读物。1983年年初，霍金写完初稿，马上送给米顿看。米顿浏览后说："还是太专业。"接着，他说了一句日后变得非常有名的话：

英文版《时间简史》封面

"你要这样想：每一个方程式都会使书的销售量减少一半。"

由于双方对稿酬的想法相去太远，霍金与米顿未达成出版协议。另一方面，在大洋彼岸，美国的矮脚鸡图书公司的高级编辑古扎蒂却看准了这一商机。最后，该公司击败所有的竞争对手，以25万美元的预付金获得在北美和加拿大的出版权。

为使此书尽量通俗化，古扎蒂付出了艰辛的劳动。他会指出许多地方，说："很抱歉，霍金教授，这儿我不懂。"霍金有时十分气愤：这么简单的事情都不懂！但古扎蒂从不气馁，"一直坚持到霍金让我懂得他写的东西才罢休"。最后，霍金在该书的"作者致谢"中对古扎蒂赞扬有加，但古扎蒂说："我只是做了任何智力正常的人都会做的事，我不屈不挠，直到能看懂究竟发生了什么事情为止。"

1984年圣诞节，初稿大体搞定，但是仍需修改。1985年7月，霍金到日内

美国天文学家、电视系列片《宇宙》的作者和主演卡尔·萨根

瓦的欧洲核子研究中心工作一段时间。8月初，他得了肺炎，被迫切开气管，从此丧失了说话能力。但是，他活下来了，出院不久即继续修改《时间简史》。

1988年4月，《时间简史：从大爆炸到黑洞》出现在美国各地的书店里，著名天文学家、享誉全球的科普大师卡尔·萨根为之作序。第一次印了4万册，很快就供不应求。出版社随即大批重印，到了夏天，仅在美国就已卖出50万册！1988年6月，《时间简史》在英国出版。几天之后，在伦敦被抢购一空。它在畅销书排行榜上位居榜首，且在整个夏天全无其他图书可与之比肩。

风靡全球

说来凑巧，笔者很早就见到了英文原版的《时间简史》。20世纪70年代末，霍金取得的研究成果已在各国的理论物理学家、应用数学家、天文学家和宇宙学家中广为流传。那时，我本人在中国科学院北京天文台（今国家天文台）从事天体物理学研究，也需及时了解霍金的这些新成就。1988年3月，我到英国的爱丁堡皇家天文台做访问学者。当年《时间简史》英文版面世，并持续高居畅销书排行榜榜首。这使我深感有必要尽快将其译成中文，遂致函时任上海科技教育出版社副总编辑的老友吴智仁先生。吴先生很快复信，并嘱我在英国立即开译。但不久他获悉湖南科学技术出版社也在操办此事，我们的计划遂告终止。

1990年年初我从爱丁堡回到北京，获悉湖南科技出版社的中译本尚未问世，一时颇感遗憾：假如不撤消计划，那么我们的译本可能已经在国内流传了。但是，后来得知湖南科技出版社那边是由霍金早先的博士生吴忠超先生执译，那当然再好不过，更何况霍金还曾亲自致函吴忠超说："我想你应该是将其译成中文的理想人选"。

当初，致力于出版《时间简史》中译本的还大有人在。例如，杨建邺先生在其所著《霍金传》一书中几次提到，他在1988年10月12日收到他大哥杨建军从美国寄来的英文版《时间简史》，读后立即被霍金的语言和思想吸引住了。翌年，他在湖北找几家出版社商谈出版此书的中译本，结果没有一家出版社愿意玉成其事。

1990年，清华大学出版社出版过一个中译本，书名叫《时间的简明历史》，只可惜失诸粗陋。1992年，许明贤和吴忠超的译本终于面世。

到1992年1月，《时间简史》已被译成30多种语言。霍金喜出望外：全球销量550万册，意味着全世界每970人就有一本《时间简史》！他曾说：

"我很高兴一本科学方面的书籍能和明星的回忆录竞争，也许这样人类才有希望，我很高兴这本书能为一般大众所接受，而不仅仅是学者。当今时代科学起了巨大的作用，所以我们每个人对于科学是什么应该有一些概念，这是非常重要的。"

此前，保持世界科学类图书畅销记录的是卡尔·萨根的《宇宙》。萨根毕生以极大的热情致力于向社会公众宣传科学，电视系列片《宇宙》便是他的传世杰作。该片共13集，在将近70个国家播出。其副产品《宇宙》一书于1980年由兰登书屋出版，各种文字的版本在全球累计销售了500多万册。这一纪录后来为累计销量突破千万册的《时间简史》所超越。

霍金在公众的视野中成了名人中的名人。著名的纽约《时代周刊》在20世纪90年代以其固有的风格用整版篇幅介绍了霍金，并配有插图一幅；此外还有一幅小小的头像。

英文原版的卡尔·萨根著《宇宙》

HAWKING

An iron wheelchair is his prison, but the mind of Stephen Hawking roams free

Hawking in 1988

DARKNESS HAS FALLEN ON CAMBRIDGE, ENGLAND, when down the crowded King's Parade comes the university's most distinguished vehicle, a motorized wheelchair, bearing its most distinguished citizen. The wheelchair's occupant is a man who is able to move only his facial muscles and two fingers on his left hand, who cannot dress or feed himself, who communicates only through a voice synthesizer that he operates by laboriously tapping out words on a computer keyboard attached to the wheelchair. Disease has made the man a virtual prisoner in his own body. But it has left his courage and humor intact, his intellect free to roam. And roam it does, from the infinitesimal to the infinite, from the subatomic realm to the far reaches of the universe. The man in the wheelchair is Stephen William Hawking, one of the world's greatest physicists.

Rejecting the urging of his father, a biologist, to study medicine, Stephen Hawking chose instead to concentrate on math and theoretical physics, first at Oxford and then at Cambridge. But at age 21 he developed the first symptoms of amyotrophic lateral sclerosis (ALS)—also known as Lou Gehrig's disease—a disorder that would inevitably render him paralyzed and incapable of performing most kinds of work. Fortunately, as Albert Einstein had shown, the work of the theoretical physicist requires only one tool: the mind.

Hawking has used that tool with consummate skill. While still a graduate student, he became fascinated by black holes, the bizarre objects created during the death throes of large stars. Working with mathematician Roger Penrose, he developed new techniques to prove mathematically that at the heart of black holes were singularities—infinitely dense, dimensionless points with irresistible gravity—and he went on to calculate that the entire universe could have sprung from a singularity. This Big Bang that gave birth to the universe, he later asserted, must have created tiny black holes, each about the size of a proton but with the mass of a mountain. Then, upsetting the universal belief that nothing, not even light, can escape from a black hole, Hawking argued that these miniholes (and larger ones too) emit radiation. Other scientists eventually conceded that he was correct, and the black-hole emissions are now known as Hawking radiation.

Hawking does not dwell on his handicap. His succinct, synthesized-voice comments are often laced with humor, but he can also be stubborn, abrasive and quick to anger. Without his wife Jane, Hawking used to emphasize, his career might never have soared. She married him shortly after he was diagnosed with ALS, fully aware of the dreadful, progressive nature of the disease, giving him hope and the will to carry on with his studies. They had three children early in the marriage, and as Hawking became increasingly incapacitated, she devoted herself to catering to his every need. Friends were shocked in 1990 when Hawking abruptly ended their 25-year marriage; he wed one of his former nurses in 1995.

With his 1988 best seller, *A Brief History of Time,* Hawking became perhaps the best-known scientist in the world. Why the rush to buy a dense volume of mind-bending physics? Ever wry, Hawking insists, "No one can resist the idea of a crippled genius." ∎

1942 Born in Oxford, England
1966 His Ph.D. thesis posits origin of universe in a singularity
1974 Claims black holes emit radiation
1988 *A Brief History of Time* is a best seller

巨匠利器

卞毓麟天文选说

《时代周刊》介绍霍金

公众的科学观

　　1989年10月，霍金在西班牙做过一次讲演，题目是《公众的科学观》。他谈到：

> "现今公众对待科学的态度相当矛盾。人们希望科学技术的新发展继续使生活水平稳定提高，另一方面却又由于不理解而不相信科学。一部影片中出现在实验室里制造弗兰肯斯坦机器人的疯狂科学家，便是这种不信任的明证。""但是，公众对科学，尤其是天文学兴趣盎然，这从诸如电视系列片《宇宙》和科幻作品对大量观众的吸引力一望即知。"

　　《公众的科学观》后来收进了《霍金讲演录》一书。上面引用的这段话内涵极丰，不妨稍做解说。1818年，英国大诗人雪莱的夫人玛丽年方21岁，就出版了幻想小说《弗兰肯斯坦》。故事梗概为：富家子弟维克多·弗兰肯斯坦酷爱自然科学，发现了生命的秘密，并用解剖室和陈尸所里的材料制造出一个身高8英尺（约2.4米）、容貌狰狞恐怖的怪人。极度的恐惧使维克多把自己的造物撵了出去。怪人的报复手段令人毛骨悚然，致使维克多发誓要亲自铲除这个恶魔。他追踪怪人，直至心力交瘁含恨身亡。那个怪人则因厌恶世人无情，而悲凉地消逝在北极的茫茫冰雪中。

　　《弗兰肯斯坦》一书影响深远。"弗兰肯斯坦"也成了一个具有特定含义的英语单词："作法自毙者"。弗兰肯斯坦的故事被一再搬上银幕，由它开创的主题也为后世的科幻小说反复采用——人类造出了"科学怪人"或"机器人"，到头来反为后者所害。但是，将机器人描绘成为所欲为的怪物毕竟有悖于科学真情，并对社会公众造成了不利的心理影响。20世纪40年代，美国作家艾萨克·阿西莫夫扭转了这种局面，他笔下

历经将近两个世纪，《弗兰肯斯坦》风光依旧

的机器人大多是人类的好伙伴。这才是人类研制各种机器人乃至发展一切高新技术的本意所在。

《宇宙》的作者卡尔·萨根是一位传奇式人物。他兴趣广泛，学识渊博，魅力十足，阿西莫夫曾夸他"具有米达斯点物成金的魔力，任何题材一经他手就会金光闪闪"。萨根科研成果卓著。为了表达对他的敬意，第2709号小行星被命名为"萨根"，1997年7月4日在火星上着陆的探测器"火星探路者号"也被重新命名为"卡尔·萨根纪念站"。他是探索地球外生命的带头羊。美国著名天文科普刊物《天空和望远镜》为此刊登了一幅漫画：两个模样怪异的外星人刚下宇宙飞船，就向一位地球人请求："带我们去见卡尔·萨根吧！"

萨根的《宇宙》在前文中已做简介。20世纪80年代中期，中国中央电视台获得英文版电视片《宇宙》后，希望赶在两个月内译出全部13集文字脚本。结果，虽无重赏，亦有勇夫。脚本由吴伯泽、王鸣阳、朱进宁诸先生分头执译，最后由吴伯泽和我总审通校，基本按时交卷。译本质量甚高，可惜好事多磨，此后10余年该片并未在中国的荧屏上现身。2002年伊始，《宇宙》终在有关领导人的直接关注和多方人士的共同努力下短暂露面，科学爱好者们为之欢欣，而萨根本人已于1996年12月因骨髓癌并发肺炎去世，年仅62岁。

罗塞塔碑

当代科学如此艰深，发展又如此迅速，于是，借通俗的语言助社会公众正确地理解科学，就变得分外重要。诚如阿西莫夫所言："只要科学家担负起交流的责任——对于自己干的那一行尽可能简明并尽可能多地加以解释，而非科学家也乐于洗耳恭听，那么两者之间的鸿沟便有可能消除。要能满意地欣赏一门科学的进展，并不非得对科学有透彻的了解。归根到底，没有人认为，要欣赏莎士比亚，自己就必须写出一部伟大的文学作品。要欣赏贝多芬的交响乐，也并不要求听者能作出一部同等的交响乐。同样地，要欣赏或享受科学的成就，也不一定非得躬身于创造性的科学活动。"霍金、萨根以及阿西莫夫等人，皆堪称为此宏愿而身体力行的楷模，他们是科学这块新的"罗塞塔碑"的伟大释读者。

罗塞塔碑原是拿破仑的法国远征军于1799年在埃及尼罗河三角洲的罗塞塔镇附近发现的一块古埃及纪念碑，长约1.1米，宽约0.75米。法国人撤离埃及后，此碑为英国人所获，由大英博物馆收藏。罗塞塔碑上的文字约撰于公元前2世纪初，由三部分组成：上部用古埃及象形文字刻写，中部是古埃及的通俗体文字，下部则是希腊文。欧洲的学者能够读懂希腊文的版本，但古埃及的语言文字知识失传已久，所以人们亟盼通过罗塞塔碑来辨认和解读古埃及的文字。许多人为此呕心沥血，而对释读碑文贡献最大的是托马斯·杨和商博良。

1773年生于英格兰的托马斯·杨是一名医生兼物理学家。如今中学物理课本介绍的"杨氏干涉实验"——它证明光确实是一种波，始作俑者正是这位托马斯·杨。杨又是一名语言天才，掌握10多门外语。他从罗塞塔碑的象形文字中辨认出一些神名和人名，仔细比较它们的希腊文拼法和古埃及象形文字的拼法，终于识别了象形文字中的部分字母。

法国语言学家商博良以此为起点继续前进，整理出许多象形文字的意义、拼法以及一些语法特征。他于1832年去世前，已经基本查明古埃及象形文字的所有基本原则。

1988年3月20日本书作者在伦敦大英博物馆拍摄的罗塞塔碑

对于公众理解科学而言，霍金的《时间简史》、萨根的《宇宙》和阿西莫夫的《科学指南》所起的作用恰如释读罗塞塔碑。其实，科学家们的全部努力不就在于寻找和解读那些记载着大自然语言的"罗塞塔碑"吗？这一过程，需要更多的托马斯·杨和商博良，而霍金便是其中光彩夺目的一员。

1991年6月下旬，本书作者曾在日本京都召开的第6届格罗斯曼会议上见到霍金。这次会议的主题是广义相对论和宇宙学。霍金第一个在全体大会上做报告，并因"对了解时空奇点、宇宙的大尺度结构及其量子起源所做出的贡献"而荣获本届会议的个人奖。霍金病成这副模样，外貌上已全无"风采"可言。但是，他的智慧却为人类文明增添了难以言状的美。因此，人们争先恐后地站到他的轮椅旁与他合影。

卡尔·萨根曾经提醒科学界：科学激发了人们探求神秘的好奇心，但伪科学也有同样的作用，很少的和落后的科学普及所放弃的发展空间，很快就会被伪科学所占领。因此他说："我们的任务不仅是训练出更多的科学家，而且还要加深公众对科学的理解。"霍金在这两方面的成就都有口皆碑，我热切地盼望中国更多地出现一批像霍金那样杰出的科学宣传家。

沙漠孤岛

1942年，英国广播公司推出了一档访谈节目，名叫《沙漠孤岛》。节目的嘉宾被设想弃绝于一座沙漠孤岛，故称为"遇难者"。他们随身携带着8张唱片、一种无生命的奢侈品，还有一本书，但假定《圣经》《可兰经》《莎士比亚全集》等均已预先放在那里。该节目每周播一次，访谈中插播嘉宾"携带"的唱片，节目全长约40分钟。但是，和霍金的那次会晤却成了例外。它于1992年圣诞节播出，40分钟的时间限制被突破了。

主持人名叫苏·洛雷，整个问答妙语连珠。霍金结合自己一生的工作和疾病，渐次介绍了携带以下8张唱片的理由：帕伦克（Poulenc）的《格罗里亚》、勃拉姆斯的小提琴协奏曲、贝多芬的作品第132号弦乐四重奏、瓦格纳《尼贝龙根的指环》之第二部"女武神"、披头士的《请你让我快乐》、莫扎特的《安魂曲》、普契尼的《图兰朵》以及伊狄斯·皮阿芙的《我不再为任何事后悔》。会晤中有一段难得的对话——

苏·洛雷：当你开始面对疾病时，一位名叫简·怀尔德的女士给予你鼓励。你在一次酒会中和她邂逅，然后恋爱直至结婚。你愿意说，你成功中的多少应归功于她，归功于简？

斯蒂芬·霍金：如果没有她，我肯定不能成功。和她订婚使我从绝望的深渊中拔出来。而且如果我们要结婚，我必须有工作，这样我就必须完成我的博士论文。我开始努力学习并且发现喜欢这样做。随着我的病况恶化，简一个人照顾我。在那个阶段没有人愿意帮助我们，而且我们肯定没有钱支付给助手。

洛雷：并且你们一起蔑视医生，不仅继续活下去，而且还生育了子女。你们在1967年有了罗伯特，1970年得到露西，然后在1979年又有了蒂莫西。医生们是如何感到震惊的？

霍金：事实上，诊断我病情的医生再也不愿管我了。他觉得
这是不治之症，首次诊断后我再也没去找他。我父亲实际上成为我
的医生，我听从他的建议。他告诉我，没有证据表明这种病是遗传
的。简设法照顾我和两个孩子。只有在1974年我们去加利福尼亚时
需要外人的帮助，起先是一名学生，后来是护士和我们同住。

洛雷：但是现在你不再和简在一起了。

霍金：我动了气管切开手术后，需要（每天）24小时的护理。
这使得婚姻关系越来越紧张。后来我搬出去，现在住在剑桥的一套
新公寓里。我们现在分居。

确实，简为丈夫和整个家庭所做的一切，超越了常人的想象。但是，种种
复杂的因素使他们夫妇间的关系出现了裂痕。随着岁月的流逝，这道裂痕变得
越来越深。到1990年夏天，他们终于分居了。

霍金决定和他的护士伊莱恩·梅森生活在一起。当时，伊莱恩全心全意地
护理霍金已经3年多，并担负起照料霍金出国的事务。1995年5月，霍金和简正
式办理离婚手续。接着，霍金和伊莱恩结婚。1997年7月，简和乔纳森结婚了，后者曾在艰难岁月中无私地为霍金夫妇提供了大量帮助。然后，简来到大儿子罗伯特工作的地方，美国的西雅图。她在那里写了一部出色的自传：《音乐移动群星：和斯蒂芬在一起的岁月》，其结尾处写道："看到斯蒂芬继续获得巨大的成功，我为他高兴，也希望他得到应有的幸福。在《沙漠孤岛》节目中，他向我表示敬意。由于这完全出乎我的意料，就更加令人感动。"

正如杨建邺先生在其所著《霍金传》一书中所说："这对离婚的

英文原版《音乐移动群星：和斯蒂芬在一起的岁月》封面

夫妻的行为，堪称冰壶秋月，皎若星辰，令人们感动。我相信：他们合力拼搏的日子，会永远感动他们自己和每一位读者；他们适时地平静分手，也会给他们自己和关心他们的朋友带来由衷的欣慰。"

头两次访华

简陪伴霍金访问了世界上的许多地方，只可惜未能与他同来中国。

霍金迄今已三度访华。第一次由吴忠超先生联系，在1985年春天访问了中国科学技术大学和北京师范大学。简因家中有三个孩子，最小的蒂莫西才6岁，故无法同行。霍金的两个学生卡尔和约兰塔承担起陪伴老师的重任，抬着他上下飞机和火车，甚至把他连同轮椅一起抬上了长城！

2002年8月，第24届国际数学家大会在北京举行。这次大会上有两位最富传奇色彩的人物：斯蒂芬·霍金和小约翰·福布斯·纳什。

纳什生于1928年6月13日，是一位数学天才，在30岁以前解决了一系列数学界公认的难题，成为一颗璀璨的明星。然而，就在盛名的顶峰，他却遭受了灾难性的精神崩溃，陷入了可怕的精神错乱。他沉浸在一系列奇怪的幻想之中，最后成为普林斯顿一个在黑板上乱涂疯话的幽灵似的人物。但是，谁也没有想到，又过了30年，纳什竟然奇迹般地康复了，而且因为年轻时在博弈论方面的奠基性工作成了1994年诺贝尔经济学奖得主。美国女作家娜萨著的《美丽心灵——纳什传》赢得了世人的高度评价，好莱坞"梦工厂"又据此改编摄制了同名电影《美丽心灵》，并于2002年获得第74届奥斯卡最佳影片奖等四项大奖。

2002年8月9日，霍金由妻子伊莱恩陪同到达上海浦东国际机场。他们一行6人，除霍金夫妇外，还有助手尼尔·希勒和负责24小时轮班护理的3名护士。稍事休息后，他们即前往浙江大学。在车上，伊莱恩将霍金抱在怀里。到达杭州香格里拉饭店时，正门前已有百余名记者在等候采访和照相。伊莱恩担心霍金体力不支，立即改由后门进入饭店。

8月11日下午，在香格里拉饭店二楼举行记者招待会。事先拟定的问题答完后，记者自由提问。有记者问："您1985年来过中国，您觉得这17年里中国发生了什么变化？"

霍金幽默地答道："1985年满街自行车，而现在是交通堵塞。"

2002年8月15日，霍金和伊莱恩在浙江大学

8月12日，霍金面向杭州公众讲演，题为《M理论的宇宙学》。8月15日，又在浙江大学做题为《膜的新奇世界》的学术讲演，听众约3000人。

畅游杭州的湖光山色之后，霍金一行去了北京。在国际数学家大会上，霍金再次做学术报告《膜的新奇世界》，然后启程返回剑桥。

关于霍金的第三次访华，下文中将会详谈。

《果壳中的宇宙》

《时间简史》面世后，人们不断地询问霍金，什么时候再写一本续集。由于种种原因，他并未顺从读者们的意愿。中文版的《时间简史续编》，实际上并不是真正的续集。此书的缘起是：《时间简史》初版后，由莫雷斯执导拍摄了一部同名电影。1992年1月，霍金在《时间简史续编》的"前言"中对莫雷斯给予了高度评价，他说："和导演埃洛尔·莫雷斯共事的经验使我信服，在电影界他算是凤毛麟角的相当正直的人。如果有任何人选能制作一部人人想看而又不失原书宗旨的电影，则非他莫属。"《时间简史续编》是为了向原书读者和影片观众提供背景知识。它容纳的资料比影片更多，包含了影片中的照片，并阐释影片中的科学思想。霍金说："此书是原书的电影之书。我不知

中文版《果壳中的宇宙》书影
（吴忠超译，湖南科学技术出版
社，2002年2月）

道，他们是否在计划一部原书之电影之书之电影。"

《时间简史》初版13年后，人们终于盼来了霍金的又一科普力作《果壳中的宇宙》。此书于2001年出版，世界十几种主要文字的译本接踵而至，其中也包括中译本。霍金本人在该书前言中说：

"我已意识到，有必要撰写一本也许更易理解的有别于《时间简史》的书。《时间简史》是具有线性方式结构的书，其大多数章节在逻辑上依赖于前面的章节。这很符合一些读者的口味，但是有的读者在阅读时，一旦在前面章节停顿，就无缘领略后续的更激动人心的内容。相反的，本书的结构更像一棵树：第一章和第二章是主干，从主干上分支出其余各章。"

《果壳中的宇宙》全书约200页，几乎每页都有精美的彩图；行文造句洗练，用于布排图片的版面占到全书总篇幅的一半以上。书中共有7章，依次为：《相对论简史》《时间的形态》《果壳中的宇宙》《预言未来》《护卫过去》《我们的未来？〈星际航行〉可行吗》以及《膜的新奇世界》。在此逐章详介这部名著当然是不现实的，但仍可择要而言之。

首先是书名《果壳中的宇宙》。它源自莎士比亚名剧《哈姆雷特》第二幕第二场中主人公哈姆雷特的一句台词："唉，上帝，若不是我做了噩梦，即使把我禁闭在一枚果壳里，我都能自以为是无涯空间之王。"

霍金谈论"果壳中的宇宙"，寓意大致为：按照他本人及其同道们的理论，整个宇宙由一个果壳状的泡泡演化而来，果壳上的皱纹——极早期宇宙的量子扰动——演化出了今日宇宙的所有结构。所以，霍金在第三章"果壳中的宇宙"的结尾写道："这样，哈姆雷特是完全正确的。我们也许是被束缚在果壳之中，而仍然自以为是无限宇宙之王。"

《果壳中的宇宙》一书中，霍金向世人介绍了当代宇宙学中的一个重要概念："宇宙弦"。什么是"弦"？在日常生活中，弦是常见的事物。例如，每把小提琴上都有4根弦。当代物理学家们在尝试将引力理论和量子理论合而为一时，创立了一种"弦理论"。这里的弦，也像日常经验中的弦那样，是一维的延展物。它们有长度，但没有宽度和高度。在弦理论中，弦在时空背景中运动，弦上的涟漪就是人们通常认为的基本粒子。

这些弦可以有端点，也可以自身连接成一个闭合环圈。正如小提琴上的弦那样，弦理论中的弦也支持一定的共振频率，其振动波长恰好与两个端点之间的长度相匹配。

小提琴弦的不同共振频率导致不同的音阶，弦理论中弦的不同振动则导致不同的"质量荷"和"力荷"。这就是可以将它们解释为基本粒子的思想基础和理论基础。粗略地讲，弦振动的波长越短，粒子的质量就越大。

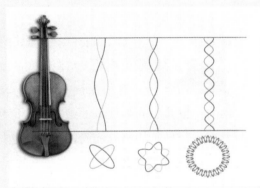

《果壳中的宇宙》插图：弦的振动

宇宙弦与弦理论中的弦虽然有一定的关系，但它们并非一码事。宇宙弦是具有微小截面的长而重的物体，它们可能产生于宇宙的早期阶段。宇宙弦一旦形成，就会因宇宙的膨胀而进一步伸展；而在现时，一根单独的宇宙弦可以横贯我们观察到的宇宙的整个尺度。

当代粒子理论暗示着宇宙弦的产生：宇宙在早期阶段很热，物质处于对称相，这和液态水非常相似。它是对称的，在每一点每一方向上都相同，而不像冰晶体那样具有分立的结构。当宇宙冷却下来，在相距遥远的区域，早期的对称会以不同的方式受到破坏。结果，在那些区域中，宇宙物质就停留在不同的基态上。宇宙弦便是在这些区域之间的边界上的物质形态。因此，它们的形成乃是"不同区域不可能有相同的基态"这一事实的必然结果。

《果壳中的宇宙》最后一章的标题是"膜的新奇世界"。这里所说的"膜"，是对多维曲面的一种通俗化表述。一个1-膜，是一维延展的物体，所

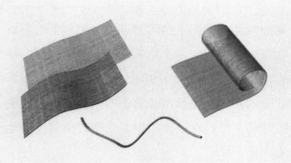

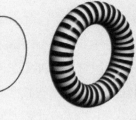

我们宇宙的空间结构既具有延展的也具有卷曲的维。如果　一个 1－膜或者　一个卷曲成圆环
膜被卷曲起来则能看得更清楚　　　　　　　　　　　　卷曲的弦　　　　的 2－膜片

《果壳中的宇宙》插图：p－膜

以也就是弦；一个2－膜，是在二维延展的物体，也就是面或者薄膜；如此等等，一个所谓的p－膜，则是在p维延展的物体。

霍金等人认为，有很深刻的理由应该相信：我们的宇宙实际上是十维或十一维的，但其中的六维或七维被弯卷得极小，以至于我们全然觉察不到。这种情形很难用日常的语言描绘，但可以这样来意会：一根头发用肉眼看起来像是一根线，它仅有一维，即长度；与此类似，时空让我们看起来仿佛是四维的，但当我们用非常高能的粒子去探测时，它将呈现出十维或十一维。

应用膜理论，有望能解开宇宙学中诸如暗物质、黑洞中的信息疑难之类的种种谜团。这也正是此理论之魅力所在。因而，霍金为《果壳中的宇宙》写下了那段犹如赞美诗般的结束语——

　　　"我们可以把莎士比亚《暴风雨》中米兰达的唱段很好地释义为：

　　　　　　　　　　呵，膜的新奇世界，
　　　　　　　　　　里面有这样美妙的生灵！

　　　那就是果壳中的宇宙。"

第三次来华

关于霍金的第二次访华，吴忠超教授曾以《霍金的杭州七日》一文记其盛。霍金第三次访华后，吴忠超又写下了《霍金的北京七日》，本节诸多素材即源自此文。

霍金这次到访，是为了参加2006年国际弦论会议。2006年6月17日22

时，霍金一行从香港飞抵首都机场。同行者有他的秘书朱迪·克罗德斯尔，机师大卫·潘德以及5名护理。各方有关人士，包括吴忠超及其夫人杜欣欣等，在机场迎候。

在前两次访华中，霍金已去过长城、故宫，这次他去了天坛和颐和园。2006年6月18日下午霍金游览天坛，公园负责人在门口迎接，入门之处已铺好为轮椅行走的斜坡。许多游客都知道来者何人，一位金发女士举起双手，不断地朝霍金飞吻。

霍金来到圜丘坛，由4位年轻人连轮椅带人抬了了上去。他的轮椅重约140千克，主要重在电池。此外，他还随身带了三个颇有分量的大包，其中装有吸痰器和急救物品。自1985年因肺炎切开气管之后，霍金的上呼吸道完全不能工作，呼吸全靠气管切口。天气很热，护士不时地为他的气管切口喷水，以保持湿润，防止感染。

从回音壁到祈年殿，走在丹陛桥甬道上。甬道有三条，皇族走右甬道，文武百官走左甬道，中间则为神道。忽然间，霍金要求停下，众人都关切地等着看他将在电脑屏幕上写些什么。

在他轮椅电脑屏幕的最上端，是一些常用的问候语和26个英文字母。如果选择最常用的问候语，霍金只需动一动眼睑部位的肌肉，他额上的红外传感器捕捉住眼睑肌肉的微小动作，就可将问候语选出。但若要造句，则需先选第一个单词的第一个字母，选定之后，屏幕会逐行显示出以此字母为首的所有词汇；霍金锁定要选取的那个词所在的行，再从该行中一格一格地走到那个词。选定之后，该词就跳到屏幕下方，如此重复下去，直到完成造句。这时，他用手按一下语音合成器，即可发出标准的美式英语，只可惜语音毫无抑扬顿挫。

霍金每分钟可以从电脑中选取五个字。此时，只见他的屏幕上出现了两个词："marble way"。原来，他想走大理石铺成的神道。神道高出地面几米，宛如飘浮在柏树林梢上的天街。走在神道上，霍金兴致更高了。吴忠超觉得，这是霍金在北京最开心的一天。

6月19日上午是2006年国际弦论会议开幕式，接着是2004年诺贝尔物理学奖得主、美国物理学家戴维·格罗斯和美国科学与艺术院院士、哈佛大学教授安德鲁·斯特罗明格的公开讲演，霍金的讲演则安排在11点钟。

一阵短暂的掌声响起，表明前面的讲演已经结束。这时会场里安静下来，

丘成桐是美国科学院院士、中国科学院首批外籍院士，2006年国际弦论会议的要员。1982年，他年仅33岁即荣获有"数学诺贝尔奖"之称的菲尔兹奖

美籍华裔数学家丘成桐告诉霍金：讲演时间已到。霍金一登场，立即掌声雷动，几百人涌向台前，无数闪光灯急速闪烁。几分钟后，丘成桐反复用非常严厉的语言让众人返回座位，会场才重又安静下来。

霍金调整好情绪，开始讲演。他的讲演大约6000字，其中浓缩了宇宙创生理论以及近年来观测的最新进展。一位学生在控制室里将幻灯片的中译文逐页展示在舞台右方的屏幕上。

霍金问："Can you hear me?" 台下齐声答道："Yes." 接着他就让语音合成器将英文讲稿《宇宙的起源》像流水似地念了一遍。霍金本人则如同睡着了一般，纹丝不动。人民大会堂大礼堂的底层和二层几乎坐满听众，有这么多人来听一场理论物理学讲演，堪称史无前例。

6月20日，霍金的主要活动是听与会者讲演。在中国，与霍金患同种疾病（ALS）的人被称为渐冻人，而次日正是"渐冻人日"，中华医学会要举办"融化渐冻的心"的社会公益活动。晚饭时，杜欣欣告诉霍金，明天是ALS日，希望霍金为中国ALS病人说一句话。当时霍金没有做声，用完晚饭，他的扬声器突然响起："Yes!" 稍事整理后，他就向全中国的20万ALS病人问候，并告诉他们残废并不能阻挡人生的进程，他自己便是生动的一例。

6月21日下午举行记者招待会，由吴忠超担任翻译，现场问答如下：

问：你对中国的哪些事物最欣赏？

答：我喜欢中国文化，中国食物，最欣赏中国女人，她们非常漂亮。

问：这是你第三次访问中国，中国对你的主要吸引是什么？

答：我赞美中国人的灵巧、勤奋和智慧。这是近年来取得举世瞩目的进步的原因，无论是在工业还是在科学领域中。我正是为科学而来到这里的。

问：你到过南极洲。我还得知你有兴趣访问西藏，对此你有何计划？

答：我从少年时代起就想望访问西藏，但是我以为现在已无法应付这么高的海拔了。

问：一般而言，经济的发展会带来繁荣，但同时会使环境恶化，你能对此做些评论吗？

答：我对全球变暖忧心忡忡。这是经济发展的恶果。我们已经见到了这个效应。而且我还担心全球变暖会失控。我们的结局也许会变成一个像金星那样的行星，那里的温度为250摄氏度（下按：实为约450℃），并且下硫酸雨。

问：你能对宇宙和我们自身的存在做些评论吗？

答：根据实证主义哲学，宇宙之所以存在是因为存在一个描述它的协调的理论。我们正在寻求这个理论。但愿我们能找到它。因为如果没有一个理论，宇宙就会消失。

因为霍金的电脑中还存有上午回答中央电视台记者张萌的三个答案，所以吴忠超临时又提出了三个问题：

问：你的残疾如何影响你的生活和研究？

答：虽然我的身体受到极大的限制，但是我的思想却自由地探索宇宙，回到时间的开端，并且进入黑洞中。人类的精神不受任何限制。

问：你还有其他理想吗？

答：我仍然有许多事情要去完成。当我们失去梦想，我们就死了。

问：你如何描述你自己？

答：我是乐观的、浪漫的，并且很固执。

丘成桐宣布霍金将即兴回答一个问题，许多人举手提问，会场显得有些混乱。最后选定的问题是："物理学中最重要的问题是什么？"

霍金的回答是："物理学中最重要的问题是理解宇宙为何如此这般。这就需要一个量子引力理论和宇宙的边界条件理论。"

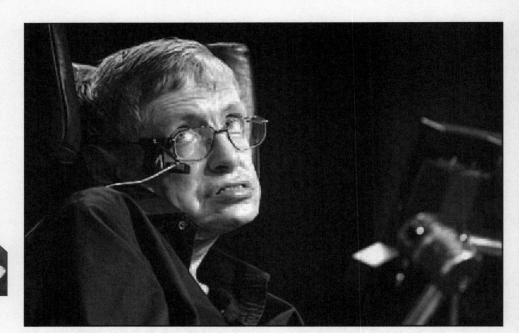

2006年6月22日霍金在北京

当晚，大会组织文艺演出。霍金为了准备第二天的讲演，未能到场。他的扬声器正在诵读他明天的讲演稿，有如毫无抑扬顿挫的自言自语。

2006年6月22日下午2点，霍金做《宇宙的半经典诞生》的学术讲演。当晚，他吃了北京烤鸭。饭桌上，护理们在霍金身旁无忌地说笑，这同与会代表们对他的敬畏形成鲜明的对照。晚上10点多，霍金坐轮椅走出电梯，服务人员非常希望和他合影。他马上抬起眼皮，表示同意。

2006年6月23日上午，霍金听其他与会者的学术报告。下午按丘成桐的建议，到故宫的景福宫参加茶会。景福宫80多年前被焚毁，最近才重修。茶会后，霍金等人赶往颐和园，下午5点半到达东门，颐和园负责人已在迎候。英文导游为他介绍东区名胜，再沿着昆明湖东岸向十七孔桥走去。游客们得知这位便是霍金，就在前方或侧面开始拍照。霍金在京的两次出行正遇上最热的两天。颐和园虽然是北京最好的公园，可惜游览远不及在天坛那么尽兴。

多日来一直为霍金上菜的那个女孩来自丹东，名叫张芸芸。她始终站在一旁，一声不响。晚饭后，吴忠超问她是否愿意和霍金拍照留念。她说很想，但不敢说。吴即请她站在霍金旁边拍了一张照片，她用英语向霍金道谢："Thank you!" 杜欣欣又问她还会别的话吗？她又用英文说："I love you!"

并吻了霍金的脸部。霍金对她的尽职印象深刻，特地说了一句："You have been wonderful."

2006年6月24日上午8时，霍金一行离开友谊宾馆。全体服务员在大堂送行，张芸芸还送霍金一个小饰品，挂在轮椅上。9时许抵达机场，在贵宾室休息等待的时候，霍金开始上网阅读论文。然后，他与全部护理和中国科学院的送别人员合影留念。航班起飞时间是11时25分。人们期待这位64岁的科学奇才和人生斗士再次光临！

又一次婚变

霍金真是不可思议，以重残的身躯向科学的顶峰挺进。其著述除前文已涉及的那些，还有他和彭罗斯两人的讲演和辩论合集——《时空本性》一书也很值得一读。它使我们想起20世纪30年代，爱因斯坦和尼尔斯·玻尔曾对量子力学的基础进行的那场旷日持久的辩论：爱因斯坦拒绝把量子力学接受为终极理论，并对以玻尔为代表的哥本哈根学派的正统解释提出严厉的批评。彭罗斯和霍金之间的辩论，在某种意义上仿佛是早先那场辩论的延续：彭罗斯在这里充当了爱因斯坦的角色，霍金则有点像是玻尔。《时空本性》涉及许多深奥的概念，不少地方相当难懂，但读者仍可或多或少地领略到书中讨论的观念之广阔与精微。

同样不可思议的，还有霍金的婚恋。2006年10月19日，英国媒体纷纷报道，64岁的霍金正在与共同生活了11年的第二任妻子伊莱恩办理离婚手续，剑桥郡法院受理了这宗离婚请求。法律文件表明的离婚理由是"两人婚姻破裂，且夫妻二人均对此事实没有异议"。

霍金借助手指操纵的电脑声音合成器，是伊莱恩的前夫戴维·梅森制作的。伊莱恩先前曾尽心照料霍金的生活，但近年来却出现了霍金遭妻子虐待的传闻。早在2000年，警方就曾多次接到有关霍金莫名其妙地受伤的报告。调查发现，他手腕被扭伤，脸部被砸伤，嘴唇被割破。然而奇怪的是，霍金本人对警方希望与其联系的来信和电话留言概不理睬，更不肯报案。后来，警方不得不直接登门拜访，分别在两间屋子里与霍金和伊莱恩谈话。可是霍金本人矢口否认遭受虐待，并拒绝与警方合作，甚至威胁要告警方骚扰他。最后，调查不了了之，警方没有起诉任何人。当时，霍金还替妻子辩护说："因为她，我才能活到现在。"

关于霍金的离婚案，外界原先盛传两种说法：一是说霍金不堪悍妻虐待，二是说"多半是有另一个女人介入"，甚至说霍金迷上了某个美女护士。不过，有一位熟悉霍金的消息人士称，婚外恋之说纯属中伤霍金的流言。2006年10月26日，英国《太阳报》又爆出新料：现年55岁的伊莱恩长期与一位已婚男子偷情。这名"绯闻男主角"名叫约翰·赖特，亲友们昵称其为加蒂，现年57岁，是英国顶尖儿科心脏病专家，现供职于举世闻名的英国伯明翰儿童医院，深受院方器重。赖特出生于外交官世家，其父奥利佛·赖特曾任英国驻美大使。约翰·赖特身材高大魁梧，一脸络腮胡子，常戴一副金丝边眼镜，显得既阳刚又儒雅。

霍金，还有伊莱恩，都不愿谈论婚变的原因。霍金的秘书朱迪在被问及此事时答道："把这种事当娱乐新闻炒作是十分招人讨厌的，我们没有时间谈关于离婚的任何事情。"是的，旁人还是少说为好，还是让霍金更多地拥有几分宁静，更深入地探索宇宙的奥秘吧！

中文版《果壳里的60年》，霍金等著，李泳译（湖南科学技术出版社，2005年2月）

未结束的话

霍金的人生亦如他钟情的宇宙一般，实在是太奇妙了。有关霍金的传记，除其第一任妻子简的自传《音乐移动群星：和斯蒂芬在一起的岁月》外，英国作家怀特和格里宾合著的《斯蒂芬·霍金传》，以及杨建邺先生所著《霍金传》，亦皆值得一读。

本文首节"华兹华斯缘"已经提到2002年剑桥大学庆祝霍金60岁生日的那次报告会。会上，霍金本人讲演的题目是《果壳里的60年》。2005年，该报告会演讲集的中文版面世，书名就取为《果壳里的60年》。它对具备相当物理基础的读者来说，无疑又是一道精致可口的思想美餐。

霍金多年的合作者，乔治·埃利斯曾经将霍金在科学上取得的主要成就概括为五个方面，即：

广义相对论在宇宙学的应用：爱因斯坦场方程的数学性质，微扰解，奇点定理；

广义相对论在黑洞的应用：黑洞的唯一性，黑洞热力学，面积定理；

弯曲时空的量子场论：黑洞的粒子生成，黑洞蒸发，量子信息疑难；

半经典引力与量子引力：路径积分，瞬子，宇宙波函数，无边界条件；

促进公众对科学的理解：特别是《时间简史》和《果壳中的宇宙》。

不知读者诸君以为然否？

霍金坐在轮椅上，马丁·里斯手持科普利奖章，格里芬微笑着站在边上

【2007年1月13日补记】

正当本文连载之际，又传来消息：2006年11月30日，英国皇家学会向霍金颁发了科普利奖章，以表彰他对理论物理学和宇宙学的卓越贡献。"继阿尔伯特·爱因斯坦之后，斯蒂芬·霍金对我们认识引力所做的贡献可与任何人媲美"，皇家学会会长马丁·里斯如是说。美国国家航空航天局主管迈克尔·格里芬前往伦敦参与颁奖。

科普利奖章是英国科学界历史悠久、地位崇高的一项奖励。达尔文、法拉第、巴斯德、爱因斯坦等人都曾获此殊荣。然而，霍金的这枚奖章却多了几分独特之处：它曾经上过天！

原来，英国航天员皮尔斯·塞勒斯于2006年7月乘坐"发现号"航天飞机前往国际空间站执行任务时，曾带着这枚科普利奖章同游太空。他说，"对于我们所有参与探索宇宙空间的人而言，斯蒂芬·霍金无疑是一位英雄"，"能携带他的奖章进入太空，执行STS-121任务的全体成员感到荣幸。"

霍金本人曾说，他的下一个目标就是到太空中去旅行。然而，这可能吗？

2007年1月8日是霍金65岁生日。那一天，他告诉英国《每日电讯报》的记者："我计划今年首先做一次零重力飞行，然后在2009年正式进入太空。"他将要参加的，是英国亿万富豪理查德·布兰森创始的"太空游"项目。布兰森创办的维珍银河公司，正在开发搭载游客进行亚轨道飞行的太空旅游。报名有意参加该"太空游"项目者数以万计，其中不乏明星贵族。每名游客所需的费用约为10万英镑。不过，布兰森已慷慨地表示，他将为霍金的太空旅行"提供全额赞助"，不收他的任何费用。

霍金所说的"零重力飞行"，由飞行训练器进行数个抛物线飞行构成，训练器的乘员在短时间里处于完全失重状态。这种训练飞行，就连正常人也难以忍受，更何况终日坐在轮椅中，时刻必须由护士照顾的霍金？而且，计划2009年上天的飞船船舱狭小，他又如何带上轮椅和随身护士呢？

太空之旅充满着危险，但那正是霍金的梦想……

【2014年11月22日补记】

2013年霍金新作《我的简史》英文原版面世，2014年7月吴忠超教授的中译本应市。同许多自传一样，霍金这部自传也按时间先后记叙。全书是这样结尾的：

霍金体验零重力飞行。他快活地说："我用一根手指做的事，比你们用整个身体做的还要多。"

"我的一生是充实而满足的。我相信残疾人应专注于残障不能阻止他们做的事，而不必对他们不能做的事徒然懊丧。在我的情形下，我尽力做我要做的大多数事情。我游遍天下。我访问苏联7次。我第一次和一组学生同去，其中一人是浸礼会教友，他想散发俄文圣经，并求我们将圣经偷运进去。我们设法做到不被发现，但在我们返程出关之前，当局已经发现我们之所为，并把我们拘留了一阵。然而，因偷运圣经而对我们罚款会引起国际纠纷和不利的宣传，所以几个小时后就给放行了。另外6次是会见苏联的科学家们，那时候不准他们到西方旅行。1990年苏联解体后，许多非常好的科学家到了西方，所以此后我再也没去过那里。

我还访问了日本6次，中国3次，还去了除大洋洲外的每一个大陆，包括南极洲。我会见了韩国、中国、印度、爱尔兰、智利和美国的国家元首。我在北京的人民大会堂和美国白宫做过演讲。我曾经乘潜水艇下到海里，也曾乘气球和零重力飞行器上到天上，而且我还向"维珍银河"预订了太空飞行。

中文版《我的简史》，吴忠超译，湖南科学技术出版社，2014年7月出版

我早年的研究证明了经典广义相对论在大爆炸和黑洞奇点处崩溃。我后来的研究证明了量子论如何能预言在时间的开端和终结处发生什么。活着并从事理论物理研究，使我拥有一个美妙的生涯。如果说我曾经为理解宇宙添砖加瓦的话，我会因此而感到快乐。"

"中文版序"里有译者议论传记和自传的两段话。一处在全文开端，曰："全球学界期盼已久的霍金自传《我的简史》终于出版了。这部书必将和有史以来一些思想家的自传，如圣奥古斯丁的《忏悔录》、阿伯拉尔的《我的苦难史》和卢梭的《忏悔录》一样，传诸后代。它的问世也使其他霍金传记顷刻黯然失色。"

第二处，借用音乐术语来说，宛如"呈示部"与"展开部"之间的过渡。译者写道："一个历史人物的任何传记都无法取代自传。人的精神世界如此丰富并不停演化，它是不可能被复制的，也不可能被他人精确摹写。况且，本书传主已被大众媒体塑造成先知的形象，而他的已有传记的角度都是仰视的。"

这两段话都不难理解，意思也很好，但仍值得补充说几句。上述第二段说："人的精神世界如此丰富并不停演化，它是不可能被复制的，也不可能被他人精确摹写"。其实，不仅"他人"，"它"甚至很难被自己的"主人"精确地摹写。这就是人们为什么会对各种各样的"自传"进行考究——有时甚至是"拷问"的重要原因之一。在许多情况下，人们之所以写"他传"，并非意欲"取代"某人的"自传"，而是完全可以另有动机，例如出于不同的历史视角，或着重于论述不同的侧面。就此而言，《我的简史》问世至少不会使简·霍金的《音乐移动群星》"顷刻黯然失色"。尽管简也许不能与圣奥古斯丁、阿伯拉尔、卢梭等思想家并提，她的心灵却依然伟大。那么，还是让我们免做这样的比较吧。风和日丽，皓月当空，都可以令人心旷神怡，难道不是吗？

埃德温·鲍威尔·哈勃
1889年11月20日生于美国密苏
里州的马什菲尔德
1953年9月28日卒于美国加利福
尼亚州的圣马里诺

遨游星云世界的巨人

——纪念哈勃诞生120周年

2009年10月，临近"星系天文学之父"埃德温·鲍威尔·哈勃诞辰120周年，笔者应《中国国家天文》月刊之邀，撰写此文以为纪念。原载该刊2009年第11期，今略有改动，收录如下。

好莱坞影星的偶像

1937年3月4日晚，美国电影艺术学会在洛杉矶举行年度颁奖仪式。该学会主席、电影导演弗兰克·卡普拉曾因影片《发生在某夜》荣获奥斯卡奖，并即将因影片《迪兹先生进城》而再次获得奥斯卡奖。

埃德温·鲍威尔·哈勃夫妇作为卡普拉的宾客，参加了颁奖仪式。晚上9点钟，卡普拉向与会者介绍这位当时还健在的最伟大的天文学家，当哈勃起立致意时，三只巨型聚光灯集中照在他身上，全场掌声雷动。

在科学家中，极少有人能像哈勃那样，成为好莱坞影星们崇拜的偶像。媒体的宣传使人们都知道哈勃在威尔逊山天文台工作。于是，驱车上新洛杉矶山脊公路，参观当时世界上最大的那架口径2.54米的天文望远镜，以及一睹哈勃本人的风采，便成了一种高雅的时尚。通常，这必须预约，以便哈勃夫人格雷

哈勃于1924年同格雷斯·伯克结婚。哈勃夫人的这幅照片摄于1931年

1923年身穿灯笼裤的哈勃在威尔逊山上，时年34岁，正处于取得重大研究成果的前夕

斯·伯克·哈勃在场充当女主人。

当时有一位精明的电影编剧和剧作家阿尼塔·露丝，她的畅销书《君子好逑》曾改编成轰动一时的百老汇音乐喜剧。1937年年初，露丝写信给威尔逊山天文台，询问有关参观的特许事项。哈勃知道她的名字，便安排她4月底偕夫君同来天文台参观。哈勃"长得很高又很健壮"，穿着系带的高筒靴和敞开领口的法兰绒衬衫，正在高高位于头顶的似乎摇晃着的小平台上工作。对露丝来说，他真是太帅了，一定得看个够！

露丝成了格雷斯的少数几个知心女友之一，她为其他人的参观铺平了道路。奥斯卡奖得主、女明星海伦·海斯参观以后写道："我们都感到好奇，因为一块很小的、刚合人眼窝的玻璃，却能向外扩大而包含整个宇宙。它好像把我们置于接近永恒的地方。"

在好莱坞真有点像在天上，那里有各种不同"星等"的明星，最明亮的就是神话般的查理·卓别林。卓别林与哈勃同岁，1938年11月哈勃夫妇首次会见卓别林时，他才49岁，但已经满头灰白了。1940年11月，哈勃夫妇在露丝等人陪同下，出席了卓别林主演的名片《大独裁者》的开幕式。

第一次和卓别林相遇之后，哈勃夫妇在月光下驾车回家，心中盘算着："现在我们想见谁呢？"确实，他们想见的人远不如想见他们的人那么多。

那么，哈勃究竟为什么如此神奇呢？要回答这个问题，还得从"星云"究竟是什么谈起。

旋涡星云之谜

古希腊有一些卓尔不群的学者，特别是德谟克利特，曾天才地猜测横亘天穹的银河其实是一大片星星构成的"云"。但是，在很长时间中，大多数欧洲人都信奉亚里士多德的想法：银河是地球大气层发光的具体表现。

1609年，意大利科学家伽利略发明了天文望远镜。他从望远镜中看到，白茫茫的银河被分解成了无数的星星，从而证明德谟克利特的猜想完全正确。17世纪中叶，英国的托马斯·赖特和德国大哲学家康德等人开始思索恒星在太空中的真实分布，并各自独立地得出结论：漫天恒星组成了一个极其庞大、但范围仍然有限的宏伟体系。

1750年，赖特首先解释了银河环抱天穹的原因。他设想，天上所有的恒星组成一个扁平的透镜状集团，其形状像一个车轮或一张薄饼；地球所处的位置使我们沿"透镜"的长轴看去可以看到极其大量的恒星，星光融成一片就成了银河；但沿着这块"透镜"的短轴看去，却只能看见稀稀疏疏的少量恒星，它们的后面便是黑暗的空间。总的说来，赖特的见解基本正确。

康德进一步认为，包括银河在内的这个恒星系统如果是个孤岛般的集团，那么远离它的空间内必定也还有别的"孤岛"，他称它们为"岛宇宙"。他还说明，如果从十分遥远的地方观看我们自己所在的这个恒星系统，那么它必定很像一个暗淡的圆轮，与当时从望远镜中看到的一些云雾状斑块——即"星云"非常相似。康德的思想远远超越了他的时代，在此后170年中，天文学家才逐渐证实了他的正确性。

18世纪末叶，英国天文学家威廉·赫歇尔巧妙地确定了我们置身其中的这个庞大恒星系统——"银河系"的形状。它确实有点像一块透镜，赫歇尔认为它包含的恒星总数也许有好几亿。其实，今天我们知道，银河系中的星数超过

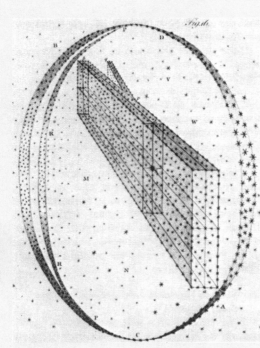

威廉·赫歇尔于1784年绘制的恒星空间分布概念图

2000亿颗。

20世纪初，荷兰天文学家卡普坦首次较为精确地测定了银河系的大小。他于1922年提出的银河系结构模型与赫歇尔的颇为相似，但尺度大得多，约为40 000光年。尽管这还是比银河系的实际尺度小，但在当时已大大拓宽了人们的眼界。同时，天文学家们也更急切地希望弄清：太空中是否真如康德所言，存在着与银河系相似的众多"岛宇宙"？

在无月的晴夜，在无人为光源干扰的情况下，具有正常视力的人用肉眼即可看出，在仙女座中有一颗"星"有点异样，它像一小块暗弱的雾状光斑。这就是天文望远镜发明之前人们早已知晓的"仙女座大星云"。康德猜想它正是一个岛宇宙，只因距离太远而显得模糊不清。

从天文望远镜中可以看见许多与仙女座大星云相仿的云雾状天体。起初，天文学家将它们统称为星云。后来，赫歇尔发现，不少星云在大望远镜中被分解成了一颗颗恒星，另一些星云则无论如何也分解不出恒星来。他认为后者乃是由大团气体物质组成的真正的星云。

1864年，英国天文学家威廉·哈金斯用光谱分析法进一步揭示了星云的本质。恒星的光谱是在明亮的连续光谱背景上叠加许多暗的光谱线，这叫作"吸收光谱"；稀薄气体的光谱则只有一些明亮的光谱线而不存在连续光谱背景和暗线，这叫作"明线光谱"。哈金斯观测了赫歇尔无法分解为恒星的一些星云的光谱，结果只看到少数亮线而没有发现吸收光谱。于是，他说："星云之谜被我窥破了，它不是一群星，而是一团发光的气体。"

看来，天空中那些云雾状的光斑可以分为两大类：一类是真正的气体星云，其光谱为明线光谱，它们位于银河系内，因此又称"银河星云"。另一类能够利用当时的望远镜分解为众多的恒星，它们的光谱和恒星一样，也是吸收光谱。不过后来查明，它们还不是康德设想的岛宇宙，而是位于银河系内的一种规模稍小的恒星集团，称为"球状星团"。

但是，还存在着第三种类型的云雾状光斑。它们具有和普通恒星一样的吸收光谱，但是即便使用相当大的望远镜，也看不出其中的单个恒星。它们往往具有某种旋涡状的结构特征，所以被称为"旋涡星云"。

旋涡星云M51：(a) 1845年4月爱尔兰天文学家罗斯伯爵用望远镜观测的手绘图，(b) 现代天文望远镜拍摄的照片

旋涡星云究竟是什么东西？人们对此争论不休。1920年4月26日，美国国家科学院就此举行了一场举世闻名的报告会，对垒双方都是当时天文学界的"大腕"：哈洛·沙普利和希伯·道斯特·柯蒂斯。柯蒂斯主张"这些旋涡星云不是银河系以内的天体，而是像我们自己的银河系一样的岛宇宙；作为银河系外的恒星系统，这些旋涡星云向我们指示了一个'比先前想象的'更为宏大的宇宙"。沙普利却坚持认为没有理由"去修改当前的假设，即旋涡星云根本不是由典型的恒星构成，而是真正的星云状天体"。双方各自阐明了有利于自己的天文观测证据，但是谁都未能说服对方。

造父变星解惑

彻底揭开旋涡星云之谜的正是哈勃。1889年11月20日，哈勃出生于美国密苏里州马什菲尔德的一个律师家庭，童年在肯塔基度过，后在芝加哥上中学，并就读于芝加哥大学。1910年，哈勃在该校天文系毕业，获理学学士学位。同年前往英国牛津大学女王学院，主攻法学，于1912年获文学学士学位。1913年哈勃回到美国，在肯塔基州路易斯维尔开设一家律师事务所。1914年，他前往芝加哥大学叶凯士天文台，任著名天文学家埃德温·布兰特·弗罗斯特的助手和研究生，1917年获博士学位，学位论文的题目是《暗星云的照相研究》。

当时，美国最著名的天文学家乔治·埃勒里·海尔注意到哈勃的天文观测才能，便建议他前往海尔本人创建的威尔逊山天文台工作。但是，第一次世界大战正酣，哈勃应征入伍，成了陆军士兵。他随美军赴法国服役，晋升至少校军衔。战后又随美军留驻德国，直至1919年10月返回美国，并随即赴威尔逊山天文台与海尔共事。

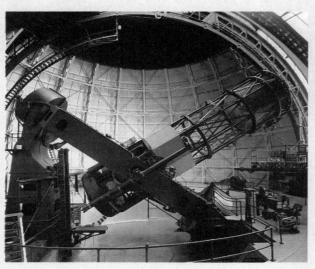

威尔逊山天文台口径2.54米的反射望远镜，照片中镜筒与水平面倾斜成45°角

哈勃真是走运。此时恰逢当时世上最大的那架口径2.54米的反射望远镜在该台落成不久。此镜强大的聚光能力和分辨本领，为哈勃做出一系列历史性的发现提供了十分有利的条件。

要查明旋涡星云的本质，关键在于弄清楚它们究竟是位于银河系内，还是处于银河系外。也就是说，必须测出它们的距离。天体离地球越远，直接测量它们的距离就越困难。为此，天文学家想出许多测量天体距离的间接方法。其中有一种特别重要的方法，称为"光度距离法"，其原理如下：

一颗星离我们越远，看上去就越暗。要是知道这颗星位于某一标准距离上时看起来会有多亮（这在天文学中用"绝对星等"表示），那就可以推算出它处在任何距离上的亮度；或者反过来，只要知道一颗星的绝对星等，并测出它的表观亮度（用"视星等"表示），就可以推算出它究竟离我们有多远了。问题是：怎样才能确定恒星的绝对星等呢？

哈勃用这架2.54米望远镜拍摄了一批旋涡星云的照片，并破天荒地在这些星云的外围区域辨认出许多"造父变星"。"造父变星"是一类特别的变星，它们的亮度总是很有规律地变化着：增亮，变暗，再增亮，再变暗……而且其亮度变化的特征又与其他变星不同，因而很容易识别。1912年，美国哈佛天文台的女天文学家亨里埃塔·斯旺·莱维特发现，一颗造父变星的亮度变化周期越长，它的发光能力就越强，这就是著名的"造父变星周光关系"。于是，只要测出一颗造父变星的光变周期，就可以根据周光关系推算出它的绝对星等；再把绝对星等和它的视星等进行比较，就可以推算出这颗星的真实距离了。造父变星的发光能力都很强，即使它们离我们远达数百万光年，也还能用望远镜观测到。利用"周光关系"这一特征，哈勃就不难推算出那些造父变星的距离，并进而查明它们所在的星云究竟是位于银河系以内还是以外，这就为彻底查明旋涡星云的本质提供了一条具有决定意义的途径。

1925年元旦，在美国天文学会和美国科学促进会联合召开的一次会议上，宣读了哈勃的一篇论文。论文宣布他用2.54米望远镜发现了M31（仙女座大星云）和M33（三角座旋涡星云）中的一批造父变星，并利用周光关系推算出两

M31曾称"仙女座大星云"，今称"仙女星系"

者与银河系的距离均约为90万光年。因为当时测定的银河系直径仅约10万光年，所以哈勃的结果清楚地表明，M31和M33这两个旋涡星云都远远位于银河系以外。它们都是极其庞大的恒星集团，与我们自己的银河系非常相似。在哈勃的时代，银河系以外的这类"星云"被称为"河外星云"。后来，人们又更确切地改称它们为"河外星系"，或简称"星系"。

哈勃本人并未到会，但其论文却获得了美国科学促进会为这次会议设立的最佳论文奖。同年，此文在《美国天文学会会刊》上正式发表，题为《旋涡星云中的造父变星》。多年以后，一位当初在场的科学家乔尔·斯特宾斯回忆道，哈勃的论文一经宣读，整个美国天文学会当即明白，关于旋涡星云本质的这场争论业已告终，空间中物质分布的岛宇宙观念已然确立，宇宙学的一个启蒙时代已经开始。当时，5年前那次报告会的两位主角沙普利和柯蒂斯都在场。

把宇宙看作一个整体，来研究它的结构、运动、起源和演化的学科叫作宇宙学。在哈勃以前，宇宙学主要是理论家们的天地。哈勃的上述成就则开辟了研究宇宙学问题的全新途径，即所谓的"观测宇宙学"。从此，观测天文学家可以沿着两条路线继续前进，即研究单个星系——过去曾称"岛宇宙"或"河外星云"的庞大恒星系统——的组成与结构，以及研究大量星系在空间的分布与运动。在这两方面，哈勃本人都是业绩辉煌的先驱者。

形形色色的星系

宇宙中的星系如此众多，犹如生命世界中的众多物种，为了研究它们，就应该对它们进行分类。1908年，德国天文学家马克西米利安·弗朗茨·约瑟夫·沃尔夫曾经提出一种描述性的星云分类体系。但是，他定出的那些类型之间缺乏变化过渡的连续性。

首先尝试系统地对星云进行分类的又是哈勃。1922年，哈勃在一篇题为《弥漫银河星云的一般研究》的论文中提出，星云可分为"银河星云"和"非银河星云"两大类，它们又各分为若干次类。

1925年，哈勃在国际天文学联合会的一次会议上，提出了新的星云分类方案。他发现，多数河外星云都有一个在星云中占主导地位的核心，整个星云则对它表现出某种旋转对称性，不具备中心核和对称性这两项特征的只是极少数。哈勃把这两种星云分别称为"规则星云"和"不规则星云"。他发现规则的河外星云又有两大类，即"椭圆状的"和"旋涡状的"，每一类各有一个有规律的形态序列。"椭圆"序列之末与"旋涡"序列之首形态相近，几可衔接。而旋涡星云本身又分成两

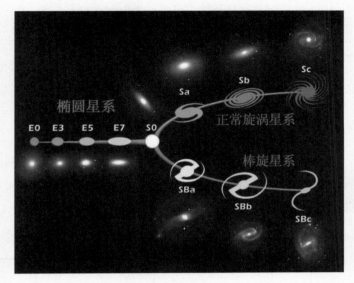

哈勃星系形态序列图，亦常称"音叉图"

个平行的子序列，哈勃分别称它们为"正常旋涡星云"和"棒旋星云"。

后来，哈勃对此稍加发展，在1936年出版的《星云世界》一书中做了更详细的描述，并绘制了著名的星云形态序列图——即所谓的"音叉图"。他说："椭圆星云形成叉柄，球形的E0处于底端，透镜形的E7则刚好在柄与叉臂交接处的下方。正常旋涡星云和棒旋星云沿两条叉臂展开。"

他还说："柄与臂的交接处或许可用一种多少带有假设性的类型SO——它在所有的星云演化理论中都是一个非常重要的阶段——来表示。"后来，人们确实发现了许多SO型星系，并正式称呼它们为"透镜状星系"。

哈勃建立的这种形态序列广泛地使用到了今天，现在称为"哈勃星系形态序列"。它表明众多的星系乃是同一家族中互有联系的成员。它在看来纷乱庞杂的星系世界中引入了秩序，仿佛为人们进入这个神秘的世界提供了一幅总体导游图。

哈勃的形态分类法原本是经验性的，并不依赖于星系物理过程的任何理论假设。不过，在此后的10年中，天文学家们有一种流行的看法，即认为原始的星系在逐渐收缩的过程中越转越快，从而变得更扁平，并从赤道部分甩出碎片。因此，原始的椭圆星系逐渐演变成扁扁的旋涡星系。然而，到了20世纪40年代，美国天文学家巴德却提出了相反的看法：星系演化的顺序可能是旋涡星

系因失去旋臂结构而逐渐转化成为椭圆星系。

后来，天文学家们渐渐意识到，星系的分类序列并不就是它们的演化序列，星系的演化与它们形成时的初始条件或它们所处的环境密切相关。但是，星系形成的具体过程目前依然众说纷纭。

膨胀的宇宙

前文曾提及，宇宙学是把宇宙作为一个整体，来研究其结构、运动、起源和演化的学科。现代宇宙学在理论方面肇始于爱因斯坦1917年发表的《根据广义相对论对宇宙学所做的考查》一文。20世纪20年代，苏联数学家亚历山大·亚历山德罗维奇·弗里德曼和比利时天文学家乔治·爱德华·勒梅特，先后以爱因斯坦的广义相对论为基础，从理论上论证了宇宙随时间而膨胀的可能性。在观测方面，美国天文学家维斯托·梅尔文·斯莱弗在1917年已初步证明，多数旋涡星云都正以巨大的速度远离我们的银河系而去。

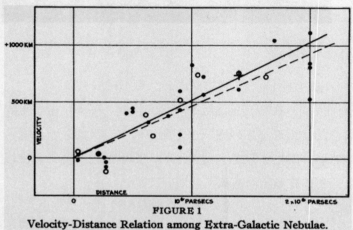

FIGURE 1

Velocity-Distance Relation among Extra-Galactic Nebulae.

1929年哈勃《河外星云距离与视向速度的关系》一文中的原图。横坐标是星系的距离，纵坐标是星系的视向速度。星系的视向速度与距离成正比就是著名的"哈勃定律"

1929年，哈勃在《美国国家科学院会议文集》上发表了堪称经典的重要论文《河外星云距离与视向速度的关系》。文中论证了离我们越远的河外星云，其视向速度——即沿着观测者视线方向的运动速度——就越大，而且"速度—距离"两者之间存在着良好的正比关系。这就是举世闻名的"哈勃定律"。

哈勃的论证十分令人信服，一经发表就获得了普遍的赞同。1930年，英国天文学家阿瑟·斯坦利·爱丁顿把河外星云普遍退离我们而去的现象解释为宇宙的膨胀效应。也就是说，哈勃定律为宇宙膨胀提供了首要的观测证据。

哈勃定律的确立是20世纪天文学中一项十分重大的成就，它使人类的宇宙观念发生了深刻的变化。它表明宇宙在整体上静止的观念已经过时，取而代之的是一幅空前宏伟的膨胀图景：整个宇宙的各个部分都在彼此远离，而且各部分互相远离的速率与它们之间的距离成正比。人们经常做一种形象化的比喻：膨胀的宇宙有点像吹胀起来的气球，"气球"上所有星系之间的距离都变得愈来愈大。紧接着的任务乃是更准确地测定宇宙膨胀的速率，以及膨胀速率本身又如何随时间而变化。至今，天文学家们仍在为完成这些艰巨的任务而不懈地工作着。

传奇式的人物

哈勃的一生极具传奇色彩。他有非常广泛的兴趣爱好。早在中学时代其体育运动就很突出。他在篮球、网球、棒球、橄榄球、跳高、撑竿跳、铅球、链球、铁饼、射击等许多项目上，都取得了相当好的成绩。在芝加哥大学，他作为一名重量级拳击运动员而闻名全校。在牛津大学他被选拔为校径赛队员，还在一场表演赛中与法国拳王卡庞捷（世界重量级拳击冠军和4个级别的欧洲冠军，法国人视其为民族英雄）交手。此外，他还是一名假饵钓鱼能手。1938年，哈勃当选为美国亨廷顿图书馆和艺术馆(该馆藏有极丰富的英美珍本图书与手稿)的理事……

哈勃到威尔逊山天文台工作后，除第二次世界大战期间曾在美国军队中参与领导弹道学研究，并在马里兰州阿伯丁试验场超声风洞实验室担任领导工作外，他始终在

时为牛津大学运动员的埃德温·鲍威尔·哈勃摆好了姿势，功架十足

哈勃正在使用帕洛玛山天文台口径5.08米的巨型反射望远镜

威尔逊山天文台。哈勃晚年担任威尔逊山和帕洛玛山天文台研究委员会主席。1949年年末，帕洛玛山口径5.08米的反射望远镜正式投入观测，它的第一位使用者就是哈勃。

1953年9月1日早晨8点半，哈勃夫妇前往帕洛玛山。他一共在山上工作了3个夜晚，拍摄了15张天文底片。在离开之前，他们做了前所未有的事：再去看看这架望远镜。最后，埃德温对妻子说："我因自己在设计那架望远镜中所尽的职责而相当自豪。"他还提醒她，自己的下一次观测将是从10月2日到10月6日，共4个夜晚。

9月27日，哈勃在自己的书房里度过了下午和晚上。9月28日上午，他在办公室里和自己多年来的亲密同事米尔顿·赫马森谈论了新的工作设想。赫马森回忆："当他解释自己脑海里所想的东西时说得很快，甚至不知什么缘故，很着急。"然后，哈勃走回家去吃午饭。"我们注意到他显得快活而有干劲，看上去是多么健康。"

格雷斯正好在回家途中，她发现埃德温沿加利福尼亚大街大踏步地走着，同时挥舞着手杖。她让他上车，然后他和往常一样，问她："你度过了怎样的一个上午？"此时他们离家大约尚有1500米。格雷斯开始讲些无关紧要的经历，当她就要拐入车道之际，不知是什么事使她停车向他看了一眼。他笔直向前瞪着眼，带着一种令人迷惑和若有所思的表情，并用一种奇特的方式通过分开的嘴唇呼吸。她并不惊恐，但觉得奇怪，因而问道："怎么啦？"

"不要停车，直驶，"他平静地回答，而格雷斯突然变得惊恐起来。她将车开进院子，下车绕到他坐着的一侧，同时尖声叫喊女管家伯塔。不一会儿，哈勃看上去已经昏厥，不能对她的呼叫声和触摸做出反应。伯塔探摸他的脉搏，但是毫无动静。格雷斯奔跑入内，打电话给医生保罗·斯塔尔。这位医生使她确信，脑血栓的形成几乎是瞬间的，又没有疼痛。"它会在任何时候在任何人身上发生。"

多年前，埃德温曾说过，当这个时刻来临之际，"我希望静悄悄地消失"。他没有丧礼，没有追悼会，也没有坟墓供哀悼者表示最后的敬意，铜骨灰匣埋葬在一个秘密的地方。

人们相信，假如哈勃愿意选择墓志铭的话，他或许会选取某位英国作家的短诗，例如源自罗伯特·路易斯·史蒂文森《安魂曲》的如下诗句：

> 在那辽阔的星空下面，
> 掘一个坟墓让我安息。
> 我活得高兴，死得开心，
> 我已决心让自己躺下。

> 请你为我刻上如下诗句，
> 他躺在自己向往的地方；
> 好比水手离开大海返乡，
> 或者好比猎人下山回家。

埃德温63岁的遗孀决定把自己的余生——结果表明还余下27年，投入到为未来的《哈勃传》作者做准备工作。她彻底清理他的论文和日记。她在1954年给亨廷顿图书馆（哈勃的论文就收藏在这里）的莱斯利·布利斯写信，阐明自己的具体想法。她认为，这份素材要等20年左右才能使用——除非碰巧出现一个极好的传记作者。她还表示：（1）作者必须是一位具有充分科学背景的学者，而不是普通传记作者；（2）作者必须是个男人，而不是女人。

1981年初春，90岁的格雷斯就像她的丈夫那样，平静地死于脑血栓。

1948年2月9日，哈勃成了美国《时代》周刊的封面人物

哈勃空间望远镜拍摄的这幅照片显示出成千上万个遥远的星系

诺贝尔奖的遗憾

哈勃是有史以来非常重要的天文学家之一，其一系列的开创性工作使他赢得了"星系天文学之父"的尊称，并被授予许许多多褒奖和荣誉。例如，1938年在美国获富兰克林金质奖章，1939年获英国皇家学会金质奖章等。1948年，牛津大学女王学院鉴于他对天文学的杰出贡献而选举他为荣誉研究员。

格雷斯曾听说，两位诺贝尔奖委员会委员——恩里科·费米和苏布拉马尼扬·钱德拉塞卡，已和他们的同事一致投票选举哈勃为诺贝尔物理学奖得主。后来，天文学家杰弗里·伯比奇和玛格丽特·伯比奇夫妇俩与钱德拉塞卡交谈

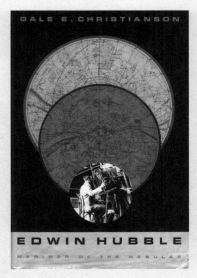

《哈勃传》：（左）英文版，（右）中文版

之后证实了这一传闻。可是诺贝尔奖不授予已故的人，死神在关键时刻介入，就此剥夺了20世纪最伟大的天文学家应得的荣耀。

哈勃去世后，遵其遗嘱，他的科学史古籍珍本赠送给了威尔逊山天文台。他身后则留下了一长串与他的大名相连的天文学术语：哈勃分类法，哈勃序列，哈勃常数，哈勃定律，哈勃半径，哈勃年龄……乃至家喻户晓的哈勃空间望远镜。哈勃空间望远镜不受地球大气的干扰，这只永不闪烁的眼睛以极高的分辨率和灵敏度注视着宇宙。它能认出16 000千米远处的一只萤火虫，或自动对准站在月球上的一名天文学家手持的一只小闪光灯。它那极准确的瞄准精度，相当于一名神话般的高尔夫球手从北京到乌鲁木齐（直线距离2400千米），把高尔夫球轻松地打入小洞中。

哈勃去世已经半个多世纪，而他的发现，至今依然闪耀着迷人的光彩。宇宙在继续膨胀，哈勃定律依然成立，新发现的无数星系绝大多数仍能纳入哈勃当初制定的分类法……所有这些，都使著名科学作家盖尔·E·克里斯琴森在其1995年面世的力作《星云世界的水手——哈勃传》的结尾写下了英国大天文学家埃德蒙·哈雷创作的、置于牛顿《自然哲学的数学原理》一书前面的那行诗句：

（他）更靠近凡人无法接近的神。

乔治·亨利·约瑟夫·爱德华·勒梅特
1894年7月17日生于比利时的沙勒罗瓦
1966年6月20日卒于比利时的卢万

"大爆炸"的先声

——勒梅特"原初原子假说"80周年

　　1932年，比利时天文学家乔治·亨利·约瑟夫·爱德华·勒梅特基于河外星系普遍退行的观测事实，提出现时观测到的宇宙是由一个极端高热、极端压缩状态的"原初原子"膨胀产生的；包含宇宙中全部物质的那个"原初原子"很不稳定，在一场无比猛烈的爆发中炸成无数碎片。这些碎片后来形成了无数的星系，至今仍在继续向四面八方飞散开去。这一假说，乃是如今所称的"大爆炸"宇宙论的先声。为回望"原初原子假说"提出80周年，笔者应《中国国家天文》之邀撰写此文，载于此刊2012年第12期，今稍作修改，收录于此。

"大爆炸抒情曲"

　　大爆炸宇宙学的主要奠基者之一、俄裔美国科学家乔治·伽莫夫是一位极具想象力的人。他对20世纪的三个关键科学领域，即核物理学、宇宙学以及分子生物学都做出了重要贡献。与此同时，他还写出了许多脍炙人口的科普读物。

《物理世界奇遇记》是伽莫夫的传世之作。1978年中文版问世之际，伽莫夫已去世整整10年。20世纪90年代，原出版者剑桥大学出版社邀请英国著名科普作家斯坦纳德对伽莫夫的原书增订更新。对此，斯坦纳德本人曾说："我在尽力忠实于伽莫夫原作的风格和写法的同时，还力图更多地了解和满足下一代读者的需要。在这一点上，我倒是可以认为，如果是伽莫夫本人今天在做这项工作，他也很可能写成这样的增订版。"

1999年，英文新版本面世。2000年，新的中译本出版，书名称为《物理世界奇遇记（最新版）》。书中的第六个故事题为"宇宙之歌"，描绘主人公汤普金斯先生观看一场歌剧演出：

《物理世界奇遇记（最新版）》插图：勒梅特正在唱"宇宙大爆炸抒情曲"

舞台上走出了一个身穿黑色法衣、带着牧师硬领的人，他用嘘声让大家安静下来。按照节目单的说明，他是来自比利时的勒梅特，膨胀宇宙的大爆炸理论之始作俑者。他用浓重的喉音开始唱他的抒情曲。

值得一提的是，将英文原著中的五线谱译成简谱并配上中译歌词的，是中国天文界和科普界的前辈名家李元先生。

宇宙大爆炸抒情曲

1=♭A 4/4
庄严地
1 |1 - 5|1 2 2 5̇ 5̇|3 2 3 4|3 - 2 1|
1.万物　之本的宇宙蛋,无　所不包的　宇宙蛋,把
2.漫长　宇宙演　化,看火球般的　宇宙蛋,化

1 - 7̇ 6̇|7̇ 1 2 3|7̇ - 6. 5̇|5 - |
你　分裂成无数极　小　的　碎片。
成　无数灰烬和暗燃　的　碎弹。

5 5 4 3|4 - 3 -|2 3 1 2|7. 6̇ 5̇ |
形成中的星　系,　把你能量分　摊,放
我们在宇宙中　心,　看那星星飞　散,我

1 7̇ 1 2|1 - 5 3|3 2 3 4|3 - 2 3|
射性的宇宙　蛋,无　所不包的　宇宙　蛋,构
们尽力想办　法,回　顾那原始灿　烂,构

mf
4 3 2 1|7 - 1 4|3 - 2.|1 1 - 0‖
成宇宙的始　源　是上帝奇　妙手段。
成宇宙的始　源　是上帝奇　妙手段。

那么，伽莫夫杜撰的这首歌究竟有何深意呢？

这就要从勒梅特的生平说起了。

是神父，更是科学家

勒梅特是比利时人，全名乔治·亨利·约瑟夫·爱德华·勒梅特，1894年7月17日生于沙勒罗瓦，1966年6月20日卒于卢万。

据说，勒梅特十来岁时已开始显露出某种科学家和神父的禀赋。他在耶稣会学校上中学，17岁时进入卢万天主教大学工程学院。1914年第一次世界大战爆发，他中断学业，志愿到比利时军队服役。战争结束时，被授予带棕榈叶的荣誉十字勋章。然后，他开始学习物理学和数学，同时步入教会阶层。1920年，他以论文《多实变量函数的逼近》获得博士学位。这时，他对爱因斯坦在前几年刚创建的广义相对论也已有颇为深刻的理解。战争的悲剧对他影响深刻：他进了神学院，并于1923年被委任为神父。

1923年，他获得政府资助，访问了英国剑桥大学，成为天文学家兼相对论专家阿瑟·斯坦利·爱丁顿的弟子。后者激起了勒梅特对于现代恒星天文学以及对于数值方法的兴趣。翌年，勒梅特在美国的哈佛学院天文台同著名天文学家哈罗·沙普利一起度过一段时光，并于1924-1925年在麻省理工学院研读一项博士学位。

1925年，勒梅特回到比利时，被任命为卢万大学副教授。1927年，他用法语在《布鲁塞尔科学学会年刊》上发表《考虑河外星云视向速度的常质量增半径均匀宇宙》一文，表述了有关宇宙膨胀的新颖观念。1931年，爱丁顿将此文译成英文，发表在英国《皇家天文学会月刊》上，并加了长长的评

20世纪初的卢万城

注。爱因斯坦同意勒梅特的数学理论，但一开始并不接受膨胀宇宙的想法。勒梅特对此并不很在意。实际上，他已经把注意力集中到了宇宙的开端问题。

1927年，勒梅特重返麻省理工学院，提交论文《基于相对论的恒密度均匀流体球之引力场》，获得"哲学博士"学位。随后，他被提名为卢万天主教大学正教授。

1931年，勒梅特应邀在伦敦的

1933年1月10日勒梅特（中）在加州理工学院与密立根（左）和爱因斯坦合影

一次会议上首次提出膨胀宇宙有一个奇点开端，并在《皇家天文学会月刊》上载文予以阐释。当时的科学界对这一主张反应强烈，一些人认为这过于接近宗教的创世教义，而远离了物理观点。对此的争论持续了很久。

勒梅特见过爱因斯坦好几次：1927年在布鲁塞尔举行的索尔维会议期间，1931年和1933年在美国的加州理工学院，1932年再次在布鲁塞尔，最后一次则是1935年在普林斯顿。勒梅特研究膨胀宇宙理论的声誉在1933年达到高峰，他被视为新的宇宙物理学的一位领头人。1934年3月17日，比利时国王利奥波德三世授予勒梅特弗朗克奖——比利时的最高科学荣誉，其国际评委中有爱丁顿、法国著名物理学家保罗·朗之万等人，而这次提名勒梅特的就包括爱因斯坦。1950年，勒梅特荣获比利时政府授予杰出科学家的另一项表彰"应用科学十年奖（1933–1942）"。

1936年，勒梅特当选为教皇科学院院士，1960年出任院长直至去世。同在1960年，他成了一名高级教士。1946年，他在瑞士用法文出版《原初原子假说》一书，同年被译成西班牙文，1950年又被译成英文。20世纪50年代，他逐渐放弃了教学，1964年退休成为荣誉教授。

勒梅特在晚年非常热衷于数值计算。他是一名卓越的计算家。1958年，他为学校引进了第一台电子计算机。他深深关注计算机的发展，甚至更加关注编程语言和程序编写问题。最后，他几乎把所有的时间都花到了这上面。

勒梅特对待学生和同事和蔼可亲，但他却是一名"孤立的"研究者，很少和水平与他相当的国外同行交流。他是一位神父，这对他在科学界的处境有所不利。例如，稳恒态宇宙学的始作俑者、以嘲讽的口吻提出"大爆炸"的英国天文学家弗雷德·霍伊尔，就从来没有放过这一点！勒梅特的人格很独特：既谦虚，又自满。说谦虚，是因为他不在乎荣誉，从不追逐名利；说自满，是因为他对自己的数学能力和原创思想的称许——至少在私人圈子里。不过，这并不妨碍他表现出开放、坦诚以及乐观的性格，还有敏捷灵活的思维。

值得一提的是，勒梅特的文化底蕴非常深厚。他因对法国喜剧大师莫里哀作品的独到见解而闻名。他认为莫里哀的作品有两位作者，并为此多次举办讨论会。这些会议的名称极有特色，例如"一双莫里哀""莫里哀，一对双星"……

早年的现代宇宙学

宇宙学，是把宇宙看作一个整体来探索它的结构、运动、起源和演化的学科。

16世纪，波兰天文学家哥白尼提出了日心宇宙体系，使人们认识到地球并不是什么"宇宙的中心"。20世纪初，沙普利证实太阳也不在银河系的中心。20世纪20年代，美国天文学家哈勃进一步证明银河系只是星系世界中的普通一员。就这样，人类的视野逐步扩展到了越来越遥远的宇宙深处。

另一方面，英国科学家牛顿于17世纪后期发现了万有引力，并建立了经典力学体系。他尝试探讨万有引力对整个宇宙将会造成何种影响，从而使宇宙学从古人的臆测转变成了一门近代科学。

1915年，爱因斯坦建立了关于时间、空间和引力的崭新理论——广义相对论。在广义相对论中，时空和物质是密不可分的，它们的关系可以形象地描述为"物质告诉时空如何弯曲，时空则告诉物质如何运动"。这样的时空—物质观，必然会导致宇宙观念的彻底变革。

爱因斯坦本人率先运用广义相对论考察宇宙整体的运动特征和可能的演化方式，于1917年发表了《根据广义相对论对宇宙学所作的考查》一文。这是现代宇宙学的开山之作。此文引入了一个近似性假设：宇宙间的物质在大尺度上的分布均匀且各向同性。这就是通常所说的"宇宙学原理"。在此基础上，爱因斯坦通过求解广义相对论的引力场方程，建立了一个"静态、有限、无界"

的宇宙模型。同年，荷兰天文学家德西特基于广义相对论又建立了另一个宇宙模型：宇宙在整体上仍是静态的，宇宙中的物质则可以有运动，但是宇宙物质的平均密度却小得几乎为零。多年以后，爱丁顿曾生动地将这两个最早的相对论宇宙模型概括为：爱因斯坦的宇宙有物质却没有运动，德西特的宇宙有运动却没有物质。

荷兰天文学家德西特（约摄于1898年）

1922年，苏联数学家亚历山大 · 弗里德曼重新求解爱因斯坦的引力场方程。指出宇宙在整体上既有可能是静止的，也有可能是膨胀的或收缩的，还有可能由膨胀转而变成收缩，又由收缩重新转为膨胀，然后又收缩、膨胀……这就是所谓的"振荡宇宙"。

爱因斯坦早先由于相信宇宙在整体上应该是静态的，而不惜修改自己建立的广义相对论引力场方程：在方程中添加了一个具有斥力性质的"宇宙学项"。弗里德曼指出此举实属多余。后来，爱因斯坦也认为引入"宇宙学项"乃是他"一生中最大的失误"。

1927年，勒梅特又找到一个新的广义相对论场方程解，发表在那篇著名论文《考虑河外星云视向速度的常质量增半径均匀宇宙》中。文章是这样结尾的：

> "宇宙膨胀的原因尚待寻找。我们已经看到，在膨胀期间辐射压力在起作用。这似乎表明膨胀也是由辐射本身造成的。在一个静态宇宙中，物质辐射的光绕空间转一周后又回到它的起点，并且无限地累计起来。看来，这有可能就是膨胀速度 R'/R 的起因。爱因斯坦认为没有膨胀，即膨胀速度为零，而在我们的解释中，这种膨胀速度就是所观测到的河外星云视向速度。"

宇宙究竟是否会一直膨胀下去，关键在于宇宙物质的平均密度。这可以直观地想象为：如果宇宙物质的平均密度足够大，那么足够大的引力将迫使宇宙从膨胀转为收缩；如果平均密度过小，那就不能遏止宇宙的膨胀。至于实际情况究竟如何，最终还得由天文观测事实来检验。

"原初原子"和"大爆炸"

几乎就在爱因斯坦建立广义相对论的同时，美国天文学家维克托·梅尔文·斯莱弗发现，他观测的旋涡星云光谱线大多有红移现象，并推算出它们正以几百千米每秒的速度远离我们银河系而去。1921年，德国天文学家卡尔·威廉·维尔茨发现，"离我们最近的旋涡星云往外运动的速度低于遥远旋涡星云的速度"。当时，潜心测量旋涡星云光谱线红移，并据此推断它们的视向速度的，还有哈勃和另一位美国人赫马森。1929年，哈勃发表《河外星云距离与视向速度的关系》一文，报道了距离越远的河外星云光谱线的红移量也越大，即视向速度也越大，而且距离与视向速度之间存在着正比关系。这就是著名的哈勃定律，它提供了宇宙膨胀的首要观测证据。

20世纪50年代初几位天文"巨星"聚集帕洛玛山天文台。（左起）赫马森、哈勃、巴德和明科夫斯基

河外星系目前正在彼此退离，它们在昔日就必定彼此比较靠近。往过去回溯得越久远，它们就挨得越近。如果回溯得极其古远，那么所有的星系就会集中到一起。那时，我们这个宇宙中的全部物质都挤在一个极其微小的范围里。1932年，勒梅特提出，现在观测到的宇宙是由一个极端高热、极端压缩状态的"原初原子"膨胀而来的。包含宇宙中全部物质的那个"原初原子"常被谑称为"宇宙蛋"。它很不稳定，在一场无比猛烈的爆发中炸成无数碎片。这些碎片后来形成了无数的星系，至今仍在继续向四面八方飞散开去。勒梅特曾在《原初原子假说》一

书中写道：

> "当原子蜕变时刻，物质高度密集。原子碎片快速地相互散开，由于密度很大，引力足以超过宇宙斥力，而使碎片散开的速度渐渐缓慢下来。在快速膨胀以后跟随着一个减速期；在这个时期中，密度会达到平衡数值。然后，平均说来，斥力超过引力，膨胀又开始加速进行了。只有那些密度和速度不同于平均值的区域还保持处在平衡态中，并且最后形成星云团。"

勒梅特坚定地认为："我们必定做出这样的结论：除了以稍微变更的方式重复康德说过的一句话以外，我想不出什么更好的说法了，这就是：'给我一个原子，我将用它造出一个宇宙。'"值得强调的是，勒梅特对于宇宙开端问题的兴趣，并非出于哲学上的或神学上的动机。他努力向人们证明，无需哲学或神学介入，仅仅运用物理学——尤其是热力学和量子理论，就可以正确地处理他的这些想法。

勒梅特热爱他的教会和信仰。在方法论上，他总是力图将科学方法同神学方法区分开来。他绝不会把作为大自然开端的原初起点同神学意义上的创世相混淆。在1960年成为教皇科学院院长时，勒梅特煞费苦心地捍卫了他所说的"两种方式"的自主性：一种是科学的方式，另一种是神学启示的方式。早在1952年，他就曾向教皇庇护十二世请求，在正式演讲中不要再将神学的创世观念同原初原子假说联系在一起。教皇最终同意了。

大爆炸第二抒情曲

伽莫夫进一步发挥了勒梅特的思想。他于1948年发表了《宇宙的演化》等论文，还与阿尔弗、贝特等人发表《化学元素的起源》一文，探讨早期宇宙中的元素合成。同年，阿尔弗与赫尔曼在一篇论文中纠正了伽莫夫的某些错误，并指出早期宇宙遗留至今的辐射温度可能只有5K。后来，美国科学家彭齐亚斯和威尔逊于1964年发现了宇宙微波背景辐射，证明了这一论断的正确性。1956年伽莫夫发表《膨胀宇宙的物理学》一文，更清晰地描绘了宇宙从原始高密状态膨胀、演化的概貌。这种宇宙起源理论，就是大爆炸宇宙论。现今的研究结果表明，大爆炸发生在约140亿年前。

现在，是回到《物理世界奇遇记（最新版）》的时候了。书中接着写道：

"在勒梅特神父结束他的抒情曲以后，出现了一个又瘦又高的年轻人。他（按照剧情的说明）是物理学家伽莫夫，他生于俄国，但移居美国已有30年之久。他唱的是——《宇宙大爆炸第二抒情曲》。"歌词共10段：

1．勒梅特在许多方面，我们见解全一致。宇宙正在膨胀扩大，从它诞生就开始。

2．你说宇宙在运动中成长，我早就应该同意。但是它从何物形成，我们看法有分歧。

3．你说它从宇宙蛋来，我认为是中子流体。它过去已存在长久，将无限存在下去。

4．在无边无际的空间，几十亿年的过去，到达最密态的气体，坍缩中迎来结局。

5．在时间的转折点上，空间变得更华丽，光在数量上超过物质，物质同光无法比。

6．那时每一吨光辐射，一克物质随相依，直到巨大原始熔炉，膨胀中四面散离。

为纪念勒梅特诞生100周年发行的邮品

7．光缓慢地暗淡消失，亿年时间又逝去，物质得到充足来源，坐上了首把交椅。

8．于是物质冷却凝聚，（这是金斯假说推理。）巨大气云逐渐分离，形成个个原星系。

9．原星系又分裂四散，漫漫夜空互分离。恒星形成而后分散，空间被亮光包围。

10．恒星烧至最后火花，星系永旋转不已。宇宙密度日益降低，光热生命都完毕。

勒梅特的某些具体想法虽然已被日后的科学发展所否定，但他仍然是大爆炸宇宙学当之无愧的先驱。例如，他正确地预言了原初原子的爆炸应该留下某种"遗迹"，并认为这种遗迹是宇宙线，而事实上大爆炸的遗迹乃是宇宙微波背景辐射。

其实，伽莫夫在上述"第二抒情曲"中表达的不少见解，而今也已过时。1968年伽莫夫去世后，宇宙学的研究是名副其实地突飞猛进。人类对宇宙的身世能有如此深入的了解，真是值得我们自豪。对于那些探索的先驱者，人们也会永表敬意。其中，自然也包括本文的主人公——大爆炸学说的先驱者乔治·勒梅特。

不同凡响的科坛"顽童"

——写在伽莫夫逝世40周年前夕

乔治·伽莫夫
1904年3月4日生于俄国的敖德萨
1968年8月19日卒于美国科罗拉多
州的博尔德

2008年，"大爆炸宇宙学"年届花甲，又逢其奠基者乔治·伽莫夫逝
世40周年，遂为斯文，兼志纪念。

跳来跳去大顽童

在美国的乔治·华盛顿大学，有一块铭牌，上面写着：

乔治·伽莫夫

物理学教授

乔治·华盛顿大学

1934年至1956年

伽莫夫（1904—1968）因如下事迹而著称：发展宇宙的"大爆炸
理论"（1948年）；用量子隧道解释原子核的 α 衰变（1928年）；
与爱德华·泰勒共同描述自旋诱发的原子核 β 衰变（1936年）；在
原子核物理中始创液滴模型（1928年）；在恒星反应速率和元素
形成方面引入"伽莫夫"因子（1938年）；建立红巨星、超新星和中子星模型（1939年）；首先提出遗传密码有可能如何转录（1954年）；以及通过一系列著作——包括"汤普金斯先生"的奇遇——普及科学（1939–1967年）

乔治·华盛顿大学物理学系

为纪念他们的同事乔治·伽莫夫敬立此牌

2000年4月

一个生活在20世纪的现代人，居然能天马行空似地在大不相同的学科领域中一再做出开创性的贡献，真是一种奇迹。美籍波兰裔著名数学家斯坦尼斯拉夫·M·乌拉姆曾经这样评论伽莫夫："总而言之，人们在他的研究中除了能看到各种出类拔萃的特点之外，还能看到业余性质的研究可以在很广的科学领域中进行的最新例证"。当然，在这个五光十色的世界，如此例证毕竟只是凤毛麟角而已。

伽莫夫作为一名"重量级"的科学家，并未获得过诺贝尔奖。但是，却有那么多的诺贝尔奖得主对他钦佩有加。例如，美国生物化学家詹姆斯·杜威·沃森与英国生物化学家弗朗西斯·克里克因合作发现DNA双螺旋结构而同获1962年诺贝尔生理学医学奖。

2000年4月乔治·华盛顿大学物理学系为纪念伽莫夫而建造的铭牌

沃森在其名著《基因·女郎·伽莫夫发现双螺旋之后》中谈到伽莫夫："一个大顽童，从原子跳到基因，又跳到空间旅行。乔（伽莫夫的昵称）同时涉足这些领域……他从不指望每次探索都有结果，因而总是在过程中寻找乐趣。如今回首自己的人生，才明白乔的睿智远远超出了我最初对他的评价。"

乔治·华盛顿大学的那块铭牌，将"发展宇宙的'大爆炸理论'"列为伽莫夫诸多贡献之首，这是无可争议的。如今，伽莫夫等人基于大爆炸理论预言的宇宙微波背景辐射，已经两度成为诺贝尔奖的颁奖原因：美国科学家阿尔诺·艾伦·彭齐亚斯和罗伯特·伍德罗·威尔逊因发现宇宙微波背景辐射而获得

《基因·女郎·伽莫夫：发现双螺旋之后》书影：（左）2001年的英文版，（右）2003年的中文版

1978年度的诺贝尔物理学奖；28年之后，美国科学家约翰·C·马瑟和乔治·F·斯穆特又因发现宇宙微波背景辐射的黑体谱形和各向异性而获得2006年度诺贝尔物理学奖。几乎无须证明，倘若伽莫夫依然健在，那么他终将成为这同一奖项的得主。当然，先于伽莫夫15年去世的现代观测宇宙学奠基人、美国天文学家埃德温·鲍威尔·哈勃亦当如此。

因建立基本粒子的电弱统一理论而获得1969年诺贝尔物理学奖的美国科学家斯蒂文·温伯格，在其脍炙人口的科普读物《最初三分钟：宇宙起源的现代观点》中，专门反思了宇宙微波背景辐射的发现史。他写道：

"阿尔弗、伽莫夫和赫尔曼是非常值得推崇的，因为他们认真地去解决早期宇宙的问题，弄清了应该怎样用已知的物理定律去推断最初三分钟的情形。但即使他们，也没有做完最后的一步，说服射电天文学家去探索某种微波辐射背景。""这是科学史中最发人深省的部分。科学史的编纂中连篇累牍地写着它的成功、深谋远虑的发现、辉煌的推导、或者有如牛顿和爱因斯坦的奇迹般的跃进，这是可以理解的。但是我认为，如果不了解科学中的险阻，即多么容易走上歧途，多么难以知道走完一步之后应该迈向什么地方，那就不可能真正理解科学的成就。"

关于《我的世界线》

伽莫夫的主要功绩已如乔治·华盛顿大学的铭牌所记，其生平大要则有如其本人所列：

1904年　　　　　3月4日生于俄国敖德萨市

1922—1923年	敖德萨市新罗西亚大学学生
1923—1929年	列宁格勒大学学生
1928—1929年	哥本哈根大学理论物理研究所研究人员
1929—1930年	剑桥大学，洛克菲勒基金资助的研究人员
1930—1931年	哥本哈根大学理论物理研究所研究人员
1931年	与柳波芙·伏克明采娃（即"罗"）结婚； 1956年离婚
1931—1933年	列宁格勒大学教授
1933—1934年	（冬季和春季）巴黎皮埃尔·居里研究所研究人员； 伦敦大学访问教授
1934年	（夏季）密歇根大学讲师
1934年	（秋季）—1956年 华盛顿市乔治·华盛顿大学教授
1935年	儿子卢斯特姆·伊戈尔出生
1954年	加利福尼亚大学伯克利分校访问教授
1956年	获联合国教科文组织的卡林加科学普及奖
1956—1958年	科罗拉多大学教授
1958年	与巴巴拉·帕金斯（即"帕基"）结婚
1965年	（秋季）剑桥大学丘吉尔学院国外研究员

　　这份简历，见诸伽莫夫那部趣味盎然、但实际上并未写完的自传。起初，他将此书称为"往事片段"，后来又取了一个别致的书名：《我的世界线——一部非正式的自传》。伽莫夫在"前言"中对书名的解释言简意赅："至于说到书的题目，它指的是相对论性的四维时空连续统，在这个连续统中，任一时间、任一地点发生的任一事件都由一点来代表，这样的点（或事件）的序列就形成一条世界线。"可见，所谓"我的世界线"，其实就是"我的人生轨迹"。此书于1970年由美国的维京出版社出版，其时作者本人已去世多时。许多人都有过这样的疑问：伽莫夫本是俄国人，他的名字用拉丁文拼写为何是Gamow，而不像同为著名俄裔美国人的艾萨克·阿西莫夫（Isaac Asimov）那样用字母v结尾？

　　《我的世界线》用一个脚注对此做了清晰的解释："这个名字的正确发音

是Gamov，其中字母a的发音同'妈妈'或'爸爸'中的韵母。如果我当初直接从俄国去英国或美国，那么我用英文拼写自己的姓名就会以字母v结尾。之所以会写成这个读音容易混淆的w，原因在于我最初是为一家德国刊物用拉丁字母拼写自己的姓名；德语中的v发音类似英语中的f，而w则类似于英语中的v。"

其实，伽莫夫的俄文原名是Георг Гамов，入美国籍后成为George Gamow；后来，人们又把George翻译成俄文的 Джордж。所以，俄文文献中经常提到的Джордж Гамов，其实还是那个乔治·伽莫夫。

《我的世界线》写得简练、诙谐、率真、洒脱，很能体现伽莫夫的风格。例如，他父亲是一所私立男子中学的俄语和俄罗斯文学教员。书中说他父亲很喜欢一个天资出众的学生列夫·布朗斯坦，可后者却不喜欢他父亲，还发起向校方请愿要求解雇这位老师。布朗斯坦很有心计，他起草的请愿书的字数和班里学生的人数一样多，并让每个同学用自己的笔迹写一个字。布朗斯坦参加共产党之后，将名字改成了托洛茨基。

第一次世界大战、十月革命和国内战争，使战略要地敖德萨动荡不安。伽莫夫虽然在上学，但获取知识主要是靠自学。他一直是班上最优秀的学生，并且对诗歌和几何学有着浓厚的兴趣。童年时代有两件事，对于他日后投身科学大有影响。一次是父亲给他一架小显微镜，他就用它做了一个实验，检验从圣餐上领取的红酒和面包是否与血和肉的组成相同。另一次是他13岁生日时得到了一件礼物——一架小望远镜，仰望星空激发了他探索宇宙奥秘的热情。

1922年，伽莫夫进入敖德萨的新罗西亚大学数理系学习。一年之后，又转往列宁格勒大学物理系。他在列宁格勒曾做过林业研究所的气象站观测员，后来又到一所红军野战炮校兼做教官，讲授物理学，为自己提供学习费用。

在列宁格勒大学，伽莫夫看到了20世纪初以来量子论与相对论的重大进展。他选了数学系教授亚历山大·亚历山德罗维奇·弗里德曼开设的课程"相对论的数学基础"。弗里德曼对于相对论宇宙学很有贡献，

苏联数学家亚历山大·亚历山德罗维奇·弗里德曼

他是最早对爱因斯坦的静态宇宙模型提出否定意见的人物之一。在弗里德曼影响下，伽莫夫成了膨胀宇宙观念的积极拥护者。1925年春，伽莫夫以优异的成绩通过学位课程考试。他对刚刚问世的矩阵力学和波动力学深感兴趣，并和伊万年科合作把薛定谔的波函数引入相对论的四维时空中。1926年，伽莫夫得到了攻读博士学位的奖学金，可惜弗里德曼已去世，他只得放弃研究宇宙学的打算。1928年，伽莫夫有幸被推荐到德国的格丁根大学理论物理研究所去学习与工作，那里汇集着大批物理学精英，形成了著名的格丁根学派。

就在1928年，伽莫夫用量子理论中的隧道效应成功地解释了α衰变过程。后来，人们赞誉这一成就为"标志着核物理学的起点"。此后多年中，伽莫夫在原子核的量子理论方面继续开拓，他最早提出了原子核的液滴模型思想，解释了受激核的γ发射，还提出了β衰变的伽莫夫—特勒选择定则。他于1949年出版的《原子核理论与核能源》一书，是概括这一时期核物理学理论的经典文献。

1928年暑假，伽莫夫去哥本哈根拜访物理学大师尼尔斯·玻尔。后者很赞赏他的才干，为他提供了丹麦皇家科学院的卡尔斯伯奖学金，让他留在哥本哈根工作一年。伽莫夫干得很出色。1929年夏天他回到苏联，受到了热烈的欢迎。报纸上称赞他："一个工人阶级的儿子解释了世界最微小的结构：原子的核""一个苏联学生向西方表明，俄国的土壤能够孕育出她自己的柏拉图们和才智机敏的牛顿们"。

1929年秋天，伽莫夫前往英国剑桥的卡文迪什实验室，在另一位物理学大师卢瑟福手下工作。伽莫夫把量子论关于原子核的最新思想和处理方法带到了剑桥。他还指出使用质子来袭击原子核，其能量只需α粒子能量的1/16。这使卢瑟福很受鼓舞，并由此催生了第一台质子加速器。

《我的世界线》的英文原版书在中国各大图书馆似付阙如，但它却有一个中译本。事情的梗概如下：20世纪80年代前期，我在努力搜集阿西莫夫、卡尔·萨根、伽莫夫等科普大家的有关资料。1984年2月11日，我收到20年前自己在南京大学天文系求学时的老师汪珍如教授从美国史密松天体物理台寄来的英文版 *My World Line* 全书复印件。当时，汪老师正在那里做访问学者。后来，《物理世界奇遇记》的中译者吴伯泽先生借阅了这份复印件，归还时告诉我已将此书推荐给上海翻译出版公司，纳入《科学家传记丛书》，由王晓华执译。

中文版《伽莫夫自传》书影，上海翻译出版公司，1988年

俄罗斯为纪念朗道诞生100周年发行的纪念邮品。朗道是伽莫夫的大学同学，后来为物理学做出许多贡献，并荣获1962年诺贝尔物理学奖

王晓华那时30来岁，是伯泽先生的同事、科学出版社一位优秀的年轻编辑。她工作认真，译笔也好，但后来离开出版界了。1988年3月，中译本面世，易名为《伽莫夫自传》。问题在于：英文原版书配备的将近40幅很有意思的照片或插图，在中译本里却踪影全无了。原因看来是译者和出版社手中都没有原版书，仅据我提供的复印件是无法制作插图的。这个中译本印了3000册，如今已不多见。

转向天体物理学

1931年春天，伽莫夫回到苏联，发现科学和科学家受到的待遇已与两年前大不相同。这使他大失所望。1933年，在玻尔和法国著名物理学家朗之万的促请下，伽莫夫通过布哈林和莫洛托夫的关系，终于获准带着妻子出席在比利时举行的一次国际会议。会后，他在巴黎的居里研究所、剑桥的卡文迪什实验室和哥本哈根的玻尔研究所逗留了两个月，接着又到美国的密歇根大学讲学。1934年秋天，伽莫夫被美国的乔治·华盛顿大学聘为教授。他在该校主办每年一度的华盛顿理论物理会议，吸引了美国和欧洲很多优秀的物理学家，并导致许多重大成果，例如恒星能源的碳氮循环和质子—质子循环、原子核裂变的机制等。

在美国，伽莫夫的兴趣开始转向天体物理学领域。1933年他与早先在列宁格勒求学时的同学列夫·达维多维奇·朗道合作，提出可以根据恒星表面存在的锂元素推知其内部温度；他与匈牙利裔美国物理学家爱德华·特勒合作，研究了红巨星内部的核反应和能源问题。

伽莫夫还与巴西裔的理论物理学家马里奥·申贝格合作，提出某些恒星内部的核反应会产生大量的中微子和反中微子，它们的突然逸出将导致巨额光能的释放，这种所谓的"尤卡过程"，可以解释超新星爆发现象。非常有趣的是，"尤卡"原本是巴西里约热内卢市一个赌场的名字。据说，在途经那里时，申贝格向伽莫夫幽默地比喻："在超新星核心，能量的消失就像金钱在那个轮盘赌桌上的消失那样快。""尤卡过程"即由此而得名。此外，在伽莫夫的南俄方言中，"尤卡"还可以有"强盗"的意思。到20世纪40年代中期，伽莫夫还研究了白矮星的机制、造父变星的机制、恒星内部元素的产生等各种课题。

第二次世界大战期间，伽莫夫在美国海军部军械局的高爆研究室中担任顾问。他多次以官方代表的身份向爱因斯坦报告有关研究方案，并讨论了许多物理学问题。战后，他曾有一段时间与特勒等人在洛斯阿拉莫斯国家实验室从事氢弹研制工作。

左上：1930年26岁的伽莫夫（左一）在敖德萨参加全苏物理讨论会；
右上：中年的伽莫夫在华盛顿市的乔治·华盛顿大学演说；
左下：20世纪50年代伽莫夫系着他本人为"RNA领带俱乐部"设计的领带；
右下：晚年在医院里进餐

伽莫夫从20世纪40年代中期起，把研究的目标转向了宇宙学。宇宙学是将宇宙作为一个整体来研究其结构、运动、起源和演化的学科。1917年，爱因斯坦发表《根据广义相对论对宇宙学所作的考查》一文，建立了一个"静态、有限、无界"的宇宙模型，为现代宇宙学奠定了理论基础。1922年，苏联物理学家亚历山大·弗里德曼通过求解爱因斯坦的引力场方程，论证了宇宙随时间而膨胀之可能性。1927年，比利时天文学家勒梅特也通过求解爱因斯坦的引力场方程，得出我们的宇宙正在随时间而膨胀的结论。

另一方面是天文观测的进展。美国天文学家哈勃于1929年发现了著名的"哈勃定律"，即河外星系的视向速度与其距离存在着正比关系。1930年，英国天文学家爱丁顿将这种现象看成是非静态宇宙的膨胀效应。1932年勒梅特据此推测，宇宙早期处于极端稠密的状态，有如一个超级的原子核，并把它称为"原初原子"。1948年，伽莫夫进一步发展勒梅特的思想，正式提出后来被称为"大爆炸"的宇宙起源和演化理论，为现代宇宙学竖起了一座里程碑。他原先在核物理、特别是天体物理学方面的工作，则是他在宇宙学研究中获得丰硕成果的前奏。

大爆炸宇宙学

1946年4月，伽莫夫发表了题为《膨胀宇宙和元素的起源》的论文，分析化学元素起源与宇宙早期膨胀过程的联系。他设想，在宇宙早期的迅速膨胀过程中，高密度的自由中子迅速地复合出各种核素，而在以后较冷的状态下又通过 β 衰变转变成各种不同的原子核。这篇论文是热大爆炸宇宙学思想的奠基石。

此后，伽莫夫与其研究生拉尔夫·阿舍·阿尔弗合作，继续深入研究，并在1948年4月1日出版的《物理评论》上发表了署名为阿尔弗、贝特和伽莫夫的论文。其实，理论物理学家汉斯·阿尔布雷克特·贝特原本与这篇题为《化学元素的起源》的文章并没有任何关系。伽莫夫添上他的名字，只是为了使作者署名取得 α-β-γ 的谐音效果。后来，此文关于宇宙中的核子如何逐步综合成较复杂的原子核的这套理论，也就被世人称为"α-β-γ 理论"了。贝特本人因在原子核物理理论方面的成就早已闻名于世。他于1938年提出，恒星的能量来自其内部氢聚变为氦的热核反应，这正是他获得1967年诺贝尔物理

阿尔弗（左）和赫尔曼（右）在1949年制作的一幅合成照片。伽莫夫正从中间的瓶子里往外冒出来。瓶上标贴着"YLEM"，这是他们对原初宇宙物质的谑称，当时认为它是质子、中子和电子的混合物，各种化学元素即由此形成

学奖的重要原因。

　　1948年，伽莫夫还发表了《元素起源和星系分离》，并同阿尔弗和罗伯特·赫尔曼合作发表了《膨胀宇宙中的热核反应》。同年，伽莫夫又向英国的《自然》杂志寄去《宇宙的演化》一文，并将此文手稿寄了一份给阿尔弗和赫尔曼。阿尔弗和赫尔曼复核后发现文中有误，遂致电伽莫夫指出瑕疵之所在。伽莫夫感到由他本人纠正文稿为时已晚，就鼓励阿尔弗和赫尔曼给《自然》另投一篇评论文章。他通知《自然》说，阿尔弗和赫尔曼的文章就要寄到，希望《自然》在他的论文之后尽快发表。阿尔弗和赫尔曼正是在这篇文章中，第一次预言了宇宙黑体辐射的存在，并以相当简洁的方法推算出现今的宇宙背景辐射温度为5K。遗憾的是，这个极重要的结论，却被世人忽视了长达15年之久，1964年，彭齐亚斯和威尔逊意外地发现了温度为3K的宇宙微波噪声。这既使热

大爆炸宇宙理论获得了直接的定量支持，也使彭齐亚斯和威尔逊获得了1974年的诺贝尔物理学奖。

伽莫夫打算继续推进"α-β-γ"式的把戏，甚至怂恿赫尔曼把姓氏改成德尔特（Delter），以便同第四个希腊字母δ谐音。尽管赫尔曼拒绝了，伽莫夫还是在一篇文章中提到了"由阿尔弗、贝特、伽莫夫和德尔特发展的中子俘获理论"。

1956年，伽莫夫发表《膨胀宇宙的物理学》一文，更清晰地描述了宇宙从原始高密状态膨胀、演化的概况。此后，他基本退出了宇宙学领域的前沿研究。但是，从现代宇宙学发展史的角度看，伽莫夫及其主要合作者已经基本建成了大爆炸宇宙学的主要框架。

"大爆炸"的英文名Big Bang，最初是其反对者、英国天文学家弗雷德·霍伊尔以嘲弄的口吻对它的调侃，后来却被正式沿用下来。在这一理论艰难曲折的成长过程中，曾经有过许多误解和讹传。为此，阿尔弗和赫尔曼在1988年8月的《今日物理》上发表长文《大爆炸宇宙学早年工作的反省》，披露了他们开创性研究的前前后后。经作者允许以及美国物理学会授权，此文由王树军译成中文，1990年初分两次在中国的《科学》杂志上发表，而今重读，兴味依旧。

遗传密码

本文无意逐一铺陈伽莫夫的成就和趣闻，但乔治·华盛顿大学那块铭牌所列的最后两项却不能不提。从1954年开始，伽莫夫的兴趣转向了分子生物学。当时该领域中一系列的突破性进展，对他的诱惑力似乎胜过了宇宙的演化。

早在19世纪后期，科学家业已查明，细胞核主要由性质与蛋白质大不相同的核酸组成。核酸有两大类：核糖核酸（RNA）和脱氧核糖核酸（DNA）。"脱氧"这一称呼的由来是这种核酸所含的五碳糖分子要比核糖核酸所含的五碳糖少一个氧原子。科学家们还查明，DNA分子中含有4种含氮化合物：腺嘌呤（A）、鸟嘌呤（G）、胞嘧啶（C）和胸腺嘧啶（T）；RNA分子中也含有A、G和C，但不含T，而是含尿嘧啶（U）。

核酸可以分解成各种含有一个嘌呤（或一个嘧啶）、一个核糖（或一个脱氧核糖）和一个磷酸基的组合。这类组合叫作核苷酸。核酸分子仅由4种核苷酸单元组成：一种含A，一种含G，一种含C，一种含T（在DNA中）或U（在RNA中）。

20世纪前期，生物化学家们逐渐弄清楚，对于生命的遗传性状而言，关键性的物质是DNA。1953年，英国生物化学家克里克和美国生物化学家沃森证明，DNA分子的结构呈双螺旋状，并且精密地确定了此类双螺旋结构的各种相关参数。后来，他们因此而荣获了1962年的诺贝尔生理学医学奖。在查明DNA结构的基础上，人们又进而阐明了在细胞分裂过程中DNA是如何自我复制的。

然而，复制只是使DNA能够继续存在下去。进一步的问题是：DNA又怎样执行合成某种特定的蛋白质分子这项任务呢？蛋白质分子是由20来种氨基酸构成的。要合成一种蛋白质，DNA分子必须指导这20来种氨基酸在由成百上千个单元组成的分子里按照某种特定的次序排列。对于每一个位置，它都必须从20种不同的氨基酸中选出一个正确的。

倘若DNA分子上拥有20种与氨基酸一一对应的单元，那么事情就好办了。然而，DNA仅仅由4种不同的构件——4种核苷酸构成。这4种核苷酸同20种氨基酸是怎样对应的呢？

1954年，伽莫夫提出，4种核苷酸的不同组合可以充当"遗传密码"的角色，就像莫尔斯电码用各种方式将点和划组合起来代表字母和数字一般。

假如从4种不同的核苷酸中每次任取两个，那只

伽莫夫在摆弄一个DNA模型，1954年春天于加利福尼亚州伯克利市

能有4×4=16种不同的组合，还是不够用。因此，伽莫夫在《我的世界线》中回忆道：

"我脑子里冒出一个简单的想法：数出这4种不同的基质形成的所有可能的三联体的数目，就能从4得出20。比方说，有一副扑克牌，如果我们只要求三联体的花色相同，那么我们能得到多少种不同

的同花三联体呢？当然是4个，它们各由3张红桃、3张方块、3张黑桃和3张梅花组成。那么，能得到多少种由2张同花牌加1张不同花牌组成的三联体呢？当然，对于同花对有4种选择，而一旦选好了同花对，那么不同花的第三张牌就只有3种选择。因此，可能的三联体就有4×3＝12种。此外，我们还能得到3张牌都不同的4种三联体。这样4+12+4＝20，这个数目恰好是我们想得到的氨基酸数目。"

有关伽莫夫这些工作的报道，最初见于1954年英国《自然》杂志的一篇短讯，随后在《丹麦皇家科学院纪录汇编》中又有一篇较长的介绍。1966年，克里克在《遗传密码——昨天、今天和明天》一文中谈到：

"我是有幸见到这篇论文初稿的读者之一，当时它的题目为《DNA分子进行的蛋白质合成》，作者是乔治·伽莫夫和C·G H·汤普金斯！（伽莫夫有一次告诉我，他曾把这篇论文投给《美国科学院纪录汇编》，可是编辑反对把汤普金斯先生这位虚构的人物作为作者署名。由于这个原因，论文最终由丹麦皇家科学院发表，尽管署名作者也只是伽莫夫一人）。"

克里克还说："这篇文章的基础是这样一个想法：蛋白质是在双螺旋DNA的表面上合成的，这种结构内部的基质序列形成一系列孔穴，每一小孔专门和一种氨基酸匹配。文章虽未详细说明氨基酸如何识别这些小孔，但是相当清楚地暗示了氨基酸是靠以立体化学方式排列的侧链来识别它们的，没有专门的酶参与这个过程。""伽莫夫的工作的重要性在于，这是一种真正抽象的密码理论，没有那些冗赘而不必要的化学细节，尽管他的基本观念——认为双链DNA是蛋白质合成的模板——显然是完全错误的。"

20世纪60年代前期至中期，美国科学家M·W·尼伦伯格等人最终攻克了这一难题。对此，伽莫夫写道："从形式上看，他们的答案远远不如我当初想象的那种理论上的简单关联那么优美，但是不管优美与否，它毕竟是正确的，因而具有无可争辩的优势。"尼伦伯格等由于成功"解释遗传信息及其在蛋白质合成中的作用"，获得了1968年的诺贝尔生理学或医学奖。不过，伽莫夫没能听到这一消息，他在此前几个月刚刚去世。

汤普金斯先生之回归

现在，该来谈谈上文提及的那位虚构的人物C·G·H·汤普金斯了。这个名字包含着3个基本物理常量：c是光速，g是引力常量，h是普朗克常量。 1938年冬天，34岁的乔治·伽莫夫写了一则短篇科学故事，意在向物理学的门外汉解释空间曲率和膨胀宇宙的基本概念。他尽量夸张地描述相对论性现象，以便故事的主人公——银行小职员汤普金斯先生能观察到它们。

伽莫夫把这篇文章投给一家杂志，结果是退稿。接着，他又试投了另外五六家刊物，遭遇也是一样。1939年夏季，在一次理论物理学的国际会议上，伽莫夫同一位老朋友达尔文——他是写《物种起源》的那个查尔斯·达尔文的孙子——谈到了科学普及工作。伽莫夫提及那篇倒霉的文章，达尔文随即嘱咐他，把稿子"寄给C·P·斯诺博士，他是剑桥大学出版社出版的科普杂志《发现》的编辑"。

稿件寄出一星期后，伽莫夫收到斯诺的电报："大作将在下一期发表，望多赐稿。"于是，以汤普金斯先生为主人公的普及相对论和量子论的故事，便在《发现》上接连出现了。后来，剑桥大学出版社建议伽莫夫将这些故事集中起来，再增添几篇新的文章出版成书。于是就有了《汤普金斯先生身历奇境》（*Mr Tompkins in Wonderland*）这本书，1940年由剑桥大学出版社出版。

1944年，这本书的续集《汤普金斯先生探索原子世界》（*Mr Tompkins Explores the Atom*）问世。1965年，剑桥大学出版社决定把上述两本书合并，出一个平装本。为此，伽莫夫又增添了反映宇宙学和物理学新进展的若干新故事，书名干脆就叫《平装本中的汤普金斯先生》（*Mr Tompkins in Paperback*）。后来，该书不仅出了平装本，而且还出了精装本，但书名保留如初。

UNBELIEVABLY SHORTENED

汤普金斯先生亲眼看见的相对论效应：那个骑车人难以置信地缩扁了

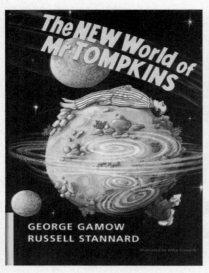

书影：（左）英文版*The New World of Mr Tompkins*，（右）中文版《物理世界奇遇记（最新版）》

1977年年初，吴伯泽遵当时主持科学出版社编辑部工作的林自新先生之嘱，将《平装本中的汤普金斯先生》译成中文。鉴于原先中国读者并不熟悉"汤普金斯先生"其人，所以吴伯泽将书名意译成了《物理世界奇遇记》。1978年4月中译本面世，首印480 500册。后来又重印一次，累计印数达60万册之巨！

20世纪90年代，剑桥大学出版社意识到，为了保持"汤普金斯先生"的生命力，有必要对原书修订更新。这项任务由英国著名科普作家拉塞尔·斯坦纳德承担。"作者伽莫夫对现代物理学的精辟介绍具有持久不衰的普遍魅力。我自己就总是以最好的心情去迎接汤普金斯先生。因此，我十分乐意对本书进行增订"，斯坦纳德如是说。

1999年，新版本的 *The New World of Mr Tompkins* 在英国面世，书名直译当为《汤普金斯先生的新大陆》或《汤普金斯先生的新世界》，作者署名是伽莫夫和斯坦纳德。新的中译本仍由吴伯泽执译。出于前述的同一理由，他把书名译为《物理世界奇遇记（最新版）》，2000年8月纳入"世界科普名著精选"，由湖南教育出版社出版。吴译口碑甚佳，可惜译者因病不治，已于2005年4月西归，去见他所钦佩的伽莫夫了。

2007年初夏，年逾八旬的科普活动家李元老先生兴致勃勃地送我一本书，正是英文原版的 *The New World of Mr Tompkins*，而为书中的"宇宙大爆炸抒情曲"等歌曲配上中文歌词的，正是李元先生本人。

1978年11月，科学出版社还出版了伽莫夫另一佳作 *One Two Three ... Infinity*（1947年）的中译本，书名定为《从一到无穷大》，首印60万册，大受读者欢迎。译者暴永宁在"译后记"中说："一般科普读物，往往怕数学太'枯燥'和'艰深'而不敢使用它，只局限于作定性的概念描述。这本书则恰恰相反，全书都用数学贯穿起来，并讲述了许多新兴的数学分支的内容。也因为使用了数学工具，本书才达到了相当的深度。"斯言不谬，伽莫夫勇于和善于这样做，真是印证了一句老话：艺高人胆大！

1978年的中文版《从一到无穷大》，暴永宁译，科学出版社出版

科学家和科学普及

1968年夏季，伽莫夫在英国剑桥开设关于宇宙理论的讲座。这时，困扰了他数年之久的循环系统疾病突然恶化，返回科罗拉多州之后不久，便于当年8月20日去世了。美国许多重要的报刊相继发出讣告和悼文。他给人类带来了种种新思想，而他留给人们的印象是：个子很高，碧眼红发，浑身充满了幽默感。

伽莫夫在核物理学、天体物理学、宇宙学以至分子生物学等领域都有开创性的工作，这在现代科学家中是很罕见的。伽莫夫认为，科学工作者的最重要的素质乃是极普通的好奇心。他写道："有人说，'好奇心能够害死一只猫'，我却要说，'好奇心造就一个科学家'。"他不断变换研究方向，就可以归因于这种气质。他创作大量的通俗科学读物，也与保持和培养对自然界的持久好奇心密切相关。伽莫夫极为推崇卢瑟福的名言："我们应该发现它（指世界或大自然）比我们猜测的更为简单。我总是简单性的信徒，自己也做个简单的人"，这种思想贯穿着其研究工作的始终。

伽莫夫非常强调科学对于人类发展的重要作用，他不赞成科学的作用仅仅在于"达到改善人类生产条件的实际目的"。他认为，科学的这个目的是次要的："难道你认为搞音乐的主要目的就是为了吹号叫士兵早上起床，按时吃饭，或者催促他们去冲锋？"他认为科学的来源就是人类追求对于自然和自身的理解。他不介入政治，但在科学受到干扰时还是出来为之辩护，例如他在20世纪30年代曾与朗道等联名写信挖苦那些围攻爱因斯坦相对论的"权威"们，因而险遭迫害。他还竭力揭露像李森科那种所谓的"遗传学"乃是意识形态的产物，因而没有什么科学价值。

使伽莫夫在公众中获得巨大声望的原因在于他的一系列科普佳作。为此，联合国教科文组织向伽莫夫颁发了1956年度的卡林加科普奖。除《物理世界奇遇记》和《从一到无穷大》外，《物理学发展史》和《原子能与人类生活》等也都有了中译本。

关于伽莫夫，可圈可点的事情实在太多了。现在，还是让我们用伽莫夫自己的话来结束这篇文章吧：

> 我真的那么喜欢写科普作品吗？是的。我是不是把它当作自己的主要职业呢？不是。我的最大兴趣是攻克自然界的难题，不管它是物理学的、天文学的还是生物学的。然而在科学研究的领域里取得进展需要一种灵感，一种思想，而新颖、激动人心的思想并不是每天都出现的。每当我苦于缺乏新鲜想法来推进自己的研究时，我就写一本书；而每当一种对科学研究有效的新思想涌现时，写作就放在一边了……如果把3本有关核物理的书也算在内，那么我就写了25本书，对于人的一生来说，这也足够了。我已不打算写更多的书，原因之一是我实际上已把自己所知道的倾囊而出了。

> 人们常常问我是怎样写出这些大获成功的书的，这可是一个很深奥的问题，深奥得连我自己都不知道该如何回答。

这就是伽莫夫的风格，也是《我的世界线》的结尾。伽莫夫认为，科学的来源就是人类追求对于自然和自身的理解。确实，他在这种追求中丰富了人类的智慧宝库，也为自己画了一条不同凡响的世界线。

从白矮星发端的辉煌

——钱德拉塞卡的生涯

苏布拉马尼扬·钱德拉塞卡
1910年10月19日生于印度的拉合尔（今属巴基斯坦）
1995年8月21日卒于美国伊利诺伊州的芝加哥

　　这是一位性情与埃德温·哈勃大不相同，风格与乔治·伽莫夫更有天壤之别的天文巨擘。世人感到欣慰的是，他在73岁时实至名归地荣获了诺贝尔物理学奖（1983年）。他，就是著名美国印度裔科学家苏布拉马尼扬·钱德拉塞卡。

　　1995年8月21日，深受国际天文界尊敬的钱德拉塞卡因心力衰竭在芝加哥大学校医院与世长辞，终年85岁。人们常亲切地称呼他为"钱德拉"。他生前曾说过："凡是智慧的，也都是美的"。他的一生是智慧的一生，也是体现科学之美的一生。钱德拉塞卡去世后，89岁高龄的旅美德国物理学家、因"对核反应理论的贡献，特别是建立恒星能源的理论"而荣获1967年诺贝尔物理学奖的汉斯·贝特，在英国的权威性科学杂志《自然》上刊登了一篇讣文，它的结束语是："钱德拉是一位一流的天体物理学家，一个既美又热情的人。我为认

钱德拉塞卡6岁时的照片（1916年）

识他而感到高兴。"

从出生到出国

钱德拉塞卡出生于印度的拉合尔（今属巴基斯坦）。其出生年份（1910）的后两位数字（10）正好是他的出生月份，前两位数字（19）正好是他的出生日期。他父亲艾亚尔年轻时学业优异，后来在印度铁路部门任高级职务。母亲叫巴拉克里希南，是一位文化素养颇高的家庭主妇。艾亚尔夫妇子女众多，钱德拉是长子。他5岁就开始跟父亲学算术和英语，跟母亲学泰米尔语。不久，双亲就发现他特别聪明，尤其对数学的悟性更令人惊奇。

1916年，艾亚尔举家迁居马德拉斯。钱德拉塞卡在那里长大，并在马德拉斯大学主修物理，兼习数学。他阅读的内容远远超越了规定的课程。例如，1927年暑假期间，17岁的钱德拉塞卡就阅读了物理学前沿的许多文献和书籍，包括海森堡、狄拉克、泡利这些最著名的物理学家的论文以及德国理论物理学家阿诺尔德·约翰内斯·威廉·索末菲的名著《原子结构和光谱线》。他对恩里科·费米的量子统计理论以及拉尔夫·福勒将这种理论用于研究白矮星的结构特别感兴趣。由此，他完成了自己的第一篇科研论文《康普顿散射和新统计学》，于1928年发表在英国《皇家学会论文集》上，当时他才18岁。正是这篇论文奠定了他被剑桥大学录取为研究生的基础。

钱德拉塞卡20岁时以全班第一的成绩大学毕业。1930年7月31日，他从孟买上船前往英国继续深造。在3个月的航程中，他克服晕船之苦，专心思考福勒关于白矮星的论文……

钱德拉塞卡极限

那时，人们研究白矮星的时间还不长。起初，美国天文学家沃尔特·西德尼·亚当斯于1914年至1915年间发现，天狼星的伴星和波江座中的一颗暗星的光度都很低，表面温度却相当高。1924年，英国著名天文学家阿瑟·斯坦利·爱丁顿从理论上推算出，天狼伴星的直径比天王星这颗行星还要小得多，其密度却高达53 000克/厘米^3。后来知道，它的密度其实比这更大，天狼伴星上像火柴盒那么大小的一块物质，差不多有地球上的一辆卡车那么重！正因为它的表面积太小，所以往外辐射的总能量就比普通恒星少得多。他称这样的恒星为"白矮星"。"白"是指温度高，呈白色；"矮"是指"个儿小"，光度低。当时许多人认为爱丁顿的见解过于离奇，但后来的研究却无可辩驳地证实了爱丁顿是正确的。随着时间的推移，科学家们渐渐揭开了白矮星的物质密度为什么那么高的奥秘。原来，白矮星内部的原子都被"挤碎"了，电子和原子核互相"分了家"。在白矮星中，原子核和原子核彼此挨得很近，以至于可以把整个白矮星看作由一大团原子核构成，所有的电子则为全体原子核所共有。此时，这些电子都处在一种特殊的状态下，称为"简并态"，这些电子

英国天文学家、物理学家爱丁顿
（1882—1944）

本身则构成了所谓的"简并电子气体"。简并电子气体具有一种特殊的力量，称为"简并电子压"，它足以抵挡由于物质密度巨大而产生的强大重力——即星体自身的引力，从而使白矮星维持稳定的平衡。

钱德拉塞卡在船上想到，根据意大利物理学家恩里科·费米和英国物理学家保罗·阿德里安·莫里斯·狄拉克建立的量子统计理论，可以推断白矮星的简并电子气体中，必有大批电子的运动速度是极快的，这样就必须运用爱因斯坦的狭义相对论，才能准确地研究它。也就是说，原先福勒的研究结果还需要进一步发展和推广。

钱德拉塞卡进行了大量的计算。他随身携带的三本学术名著——爱丁顿的《恒星内部结构》、康普顿的《X射线和电子》以及索末菲的《原子结构和光

谱线》，为他进行这项研究提供了很大的帮助。最后，他得出一个始料未及的重要结果：白矮星的质量有一个上限，约等于太阳质量的1.44倍。也就是说，不可能存在质量超过1.44倍太阳质量的白矮星！后来，天文学家都称它为"钱德拉塞卡极限"。

爱丁顿和英国另一位声望卓著的天体物理学家爱德华·约瑟·米尔恩都觉得钱德拉塞卡得出的结果令人难以置信，并且都不愿意向英国皇家学会推荐他的文章。于是，钱德拉将文章寄给美国的《天体物理学杂志》，并于1931年3月正式发表。

钱德拉塞卡于1930年至1934年在剑桥大学三一学院当研究生，钻研理论物理。在此期间，他进一步完善了有关白矮星的理论。1935年1月，他应邀在英国皇家天文学会就此做了报告。他讲完后，爱丁顿当即在会上再次强烈反对。

当然，爱丁顿的反对也是可以理解的。他本人业已证明：一颗恒星，无论其质量是多大，都可以达到某种稳定的状态。而且，人们已逐渐认识到，在恒星一生当中，白矮星乃是星体内部核燃料用尽后所处的最后阶段。为什么普通恒星的质量可大可小，而白矮星这种老年恒星的质量就不能超过钱德拉塞卡极限呢？

钱德拉塞卡请他认识的几位著名的理论物理学家——莱昂·罗森菲尔德、尼尔斯·玻尔和沃尔夫冈·泡利发表意见，他们都认为他并没有错。

问题究竟出在哪儿？直到几年后人们才找到了答案：钱德拉塞卡极限确实是白矮星的质量上限，质量超过这一极限的老年恒星是不会演变成白矮星的，它们最终将演化为密度比白矮星更大的天体——中子星，或者黑洞。可是在1935年，无论是钱德拉塞卡本人还是其他科学家，都还不知道这一点。

硕果累累

钱德拉塞卡于1933年到1937年在剑桥大学任教。1937年移居美国，在芝加哥大学任助教，然后任副教授，并于1943年升任教授。1937年1月，他在正式就职前回印度周游了一番，并与学生时代的老朋友拉丽莎成婚。

钱德拉塞卡是圣雄甘地的热烈支持者。不过，在第二次世界大战期间，他感觉到了最重要的事情是战胜纳粹德国。出于这种责任感，他用部分时间参与了美国的军事科研项目。在美国，钱德拉塞卡夫妇曾因肤色黝黑而屡招不悦。

但考虑到将要在美国长期生活下去，他们仍于1953年加入了美国籍。钱德拉塞卡的父亲对此非常恼火，因为他一直在印度尽力为钱德拉塞卡找一份好的工作。

1952年，他成功地说服了美国天文学会与芝加哥大学合作，将原为该校校刊的《天体物理学杂志》扩展为一份全国性的学术刊物。

1938年7月，钱德拉塞卡夫妇参加美国麦克唐纳天文台的落成典礼，该台位于德克萨斯州的洛基山上

他本人从1952年起担任主编，直到1971年。这项"服务性"的工作占据了他的大量时间。作为一种牺牲，他本人发表的论文数量明显地减少了；作为一种报偿，《天体物理学杂志》则成了国际上少数最具权威性的天文刊物之一。

钱德拉塞卡将自己的科学活动划分成7个阶段，各阶段的研究成果大多以一部详尽的专著作为总结。第一阶段从1929年到1939年，主要研究恒星结构，包括白矮星理论，以《恒星结构研究导论》（1939年）为总结；第二阶段从1939年到1943年，研究恒星动力学和布朗运动理论，著有《恒星动力学原理》（1943年）；第三阶段从1943年到1950年，主要研究辐射转移和恒星大气理论，著有《辐射转移》（1950年）一书；第四阶段从1952年到1961年，研究成果总结在《流体动力学和磁流体的稳定性》（1961年）中；第五阶段从1961年到1968年，著有《椭球体的平衡形状》（1968年）；第六阶段是研究相对论和相对论天体物理的一般理论；第七阶段从1974年到1983年，主要研究黑洞的数学理论，其名著《黑洞的数学理论》（1983年）因论述至为透彻而被贝特誉为"令人生畏"。从1989年到1991年，芝加哥大学出版社还陆续出版了6卷本的《钱德拉塞卡论文选》。

钱德拉塞卡的学识和风范吸引了来自世界各地的学生。由他指导而获得博士学位的研究生达50人以上。20世纪40年代中期有一段时间，他曾每周驱车数

2011年在印度加尔各答科学城举办的钱德拉塞卡展览会现场

百千米为两名旅美中国学生授课。后来，这两位年轻人因"对宇称（守恒）定律的深入研究，从而导致基本粒子方面的一些重大发现"而荣获1957年的诺贝尔物理学奖，他们就是李政道和杨振宁。

73岁的"生日礼物"

钱德拉塞卡的卓越成就，理所当然地使他获得了众多的荣誉、奖章和奖励，其中包括：

1944年当选英国皇家学会会员；

1947年获剑桥大学亚当斯奖；

1952年获太平洋天文学会布鲁斯奖章；

1953年获英国皇家天文学会金质奖章；

1955年当选为美国国家科学院院士；

1957年获美国艺术和科学院拉姆福德奖；

1962年获英国皇家学会皇家奖章；

1962年获印度国家科学院拉马努金奖章；

1966年获美国国家科学奖章；

1968年获印度最高荣誉奖章；

1971年获美国国家科学院德雷伯奖章；

1973年获波兰物理学会斯莫卢霍夫斯基奖章；

1974年获美国物理学会海涅曼奖；

1983年获美国凯斯西储大学迈克尔逊—莫雷奖；

1983年获瑞典皇家科学院诺贝尔物理学奖；

1984年获英国皇家学会科普利奖章；

1984年获印度物理学会比拉纪念奖；

1985年获印度国家科学院巴布纪念奖；

……

当然，其中最令世人瞩目的还是诺贝尔奖。当初，瑞典发明家阿尔弗雷德·诺贝尔在法律上生效的第二份遗嘱中写道：他的整个遗产不动产部分，可"由指定的遗嘱执行人进行安全可靠的投资，并作为一笔基金，每年以其利息用奖金形式分配给那些……对人类做出较大贡献的人。奖金分为五份，其处理是：一部分给在物理学领域内有重要发现或发明的人；一部分给在化学上有重要发现或改进的人；一部分给在生理学或医学上有重要发现或改进的人；一部分给在文学领域内有理想倾向的杰出著作的人；以及一部分给在促进民族友爱,取消或减少军队,支持和平事业上做出很多或很好的工作的人。"

1967年，钱德拉塞卡从林登·约翰逊总统手中接过美国国家科学奖章

诺贝尔的遗嘱中没有提到天文学。然而，随着天文学和物理学的交融渗透不断深化，在20世纪60年代，天文学终于在诺贝尔奖的竞争中实现了"零的突破"，获奖者就是本文开始提到的贝特。7年后，英国的赖尔因发展射电天文

1983年12月10日，钱德拉塞卡从瑞典国王古斯塔夫十六世手中接过诺贝尔物理学奖

学中的孔径综合技术、休伊什因发现脉冲星而分享了1974年的诺贝尔物理学奖。1978年，美国的彭齐亚斯和威尔逊又因发现宇宙微波背景辐射而荣获这一年的物理学奖。

1983年10月19日，73岁的钱德拉塞卡收到了一份至为珍贵的"生日礼物"：瑞典皇家科学院宣布，因"对恒星结构及其演化理论做出的重大贡献"而授予他1983年的诺贝尔物理学奖。这确实是对他半个多世纪科研生涯的公正评判。与他分享同年度同一奖项的是威廉·福勒（请注意，别与前文提及的那位拉尔夫·福勒相混淆），获奖原因是"对宇宙中形成化学元素的核反应的理论与实验研究"。

应该顺便一提的是，天文学家在1970年9月24日发现了一颗新的小行星。它同太阳的距离略大于日地距离的3倍。国际天文学联合会将它正式编号为"小行星1958"，并为纪念钱德拉塞卡而将其命名为"钱德拉"星。

1999年，美国国家航空航天局发射了一颗X射线天文卫星，专门用于观测来自天体的X射线。它兼具极高的空间分辨率和能谱分辨率，是X射线天文学史上的又一座里程碑。这项设备起初称为"先进X射线天文设备"（AXAF），后于1998年更名为"钱德拉X射线天文台"（Chandra X-ray Observatory，缩写为CXO），详情请参见本书下篇之《巨镜凌霄》。

"美是真理的光辉"

钱德拉对科学之美有着深远的思索和研究。1979年7月，他在著名的《今日物理》杂志上发表《自然科学中的美以及对美的追求》一文。文中说道：

"我现在要分析的问题是，如何用类似于文学艺术批评中评价艺术作品的方式来评价科学理论。""为此，对美必须采用某种准则。我采用的准则有二：第一个是F·培根的准则，没有一种极端的美在它的和谐之中不具有某种奇妙之处！""第二个准则是海森堡的一句话，是对培根准则的补充：'美是各部分之间以及部分与整体之间的内在的一致'。"

钱德拉塞卡认为爱因斯坦的广义相对论就是这种美的"一个很好的例子"。他不赞成玻尔的说法：广义相对论"对我似乎是一件要从远处欣赏和赞美的伟大艺术品"。20世纪60年代末，著名英国雕刻家亨利·穆尔访问芝加哥大学时，钱德拉曾问他，应该怎样看雕像，应该从远处看还是从近处看。穆尔答道，伟大的雕塑能够而且应该从各种距离来看，因为从每一种尺度上都会揭示出美的新特点，并举了米开朗琪罗的雕塑为例子。钱德拉塞卡认为："同样，广义相对论在任何水平上都显示出奇妙的和谐。"

钱德拉塞卡一生的科学之路很精彩，却又颇为孤独。1991年，印度裔美国物理学家卡迈什瓦尔·C·瓦利推出了他的力作《钱德拉：S·钱德拉塞卡传》。国际科学界诸多"大腕"给予这部传记特殊的好评。

例如，杰出的美国理论物理学家和科普作家、普林斯顿高等研究院教授弗里曼·戴森在著名英文期刊《今日物理学》上写道："瓦利向我们提供了一幅钱德拉的极其生动的画像。他拥有多姿多彩的人生，并对自己相继沉浸于其中的印度、英国和美国的三种文化有着深切的了解……如果此书仅被物理学家阅读，那么瓦利的这份执著努力未免显得有些徒劳。"

再如，奥地利出生的英国著名数学家和宇宙学家赫尔曼·邦迪爵士在《物理世界》上说道，这是"一本使人迷恋的好书……作为一名评论者，把这本书推荐给所有的人，是一项愉快的任务。精妙的表述、使所有人都能理解、充满迷人的见地，这一切使阅读非常舒畅"。

美国天文学家、杰出的科普作家卡尔·萨根曾在芝加哥大学跟从钱德拉塞卡学习数学。萨根晚年在其名著《魔鬼出没的世界》一书中则说："我从苏布拉马尼扬·钱德拉塞卡那里发现了什么才是真正的数学美。"

钱德拉塞卡的传记作者瓦利教授本人，是美国物理学会物理学史论坛创始人，纽约州锡拉丘兹大学物理系"斯蒂尔退休教授"，曾长期从事粒子物理学相关领域的研究，对基本粒子相互作用的对称性和动力学做出过重要贡献。瓦利是钱德拉塞卡的后辈和崇拜者，曾怀着钦佩的心情多次访问钱德拉塞卡，同他进行广博而发人深省的对话，并依据这些对话和钱德拉塞卡的论文、信件，

中文版《孤独的科学之路：
钱德拉塞卡传》书影

追踪钱德拉塞卡一生的足迹和轶事，堪称精彩迭出。

在《钱德拉：S·钱德拉塞卡传》面世之后15年，中国科学院上海天文台的两位资深天文学家何妙福和傅承启将这部传记译成中文，书名易为《孤独的科学之路：钱德拉塞卡传》，由上海科技教育出版社出版。原作者瓦利在他亲自撰写的"中文版序"中写道：

当钱德拉塞卡1937年到美国时，美国的科学正处于上升时期，欧洲的状况和迫近的战争造就了一大批杰出科学家的难民流。钱德拉塞卡立即承担起制定天文学和天体物理学研究生教育计划的任务。他的教师声誉、对研究的蓬勃朝气和积极热情，吸引了来自世界各地的学生，著名华裔诺贝尔物理学奖得主李政道和杨振宁在职业生涯的早期就曾是钱德拉塞卡的学生。

本书不是一部科学传记。对于专业文献，读者可以参考由芝加哥大学出版社出版的钱德拉塞卡《论文选集》7卷本，或参考由世界科学出版公司出版的《追逐真知：钱德拉塞卡论文选》。本书讲述的是一位杰出人物的故事，他将几乎无与伦比的科学成就与同样卓越的人格融为一体，这种人格体现在为追求科学研究之完整、高雅以及超乎一切的个人审美观而殚精竭虑之中。

如同所有的诺贝尔奖得主一样，钱德拉塞卡也在为他颁奖的仪式上发表了演说。他的结束语是：

"简单是真理的标记，而美是真理的光辉。"

简单、真实和美，就是这位献身于探索宇宙奥秘的南亚人的基本信念。

美哉，苏布拉马尼扬·钱德拉塞卡！

观天治水功垂千秋

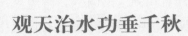

——元代杰出科学家郭守敬

郭守敬
1231年（元太宗三年）生于邢州
邢台（今河北省邢台市）
1316年（元仁宗延祐三年）卒于
知太史院事任上

　　这是给少年朋友们讲的元代著名天文学家和水利专家郭守敬的故事，他同时还是一位地理学家、测绘学家和机械工程专家。

　　郭守敬很早就显示了科学才能。他十五六岁时就复原了一件名叫"莲花漏"的科学仪器。20岁时率领众人修复当地的石桥，填补堤堰上的决口，为家乡做出了贡献。1262年，31岁的郭守敬第一次觐见元世祖忽必烈，就提出六条水利工程建议，并从此致力于水利建设，完成了修浚西夏古河渠等多项重要任务。45岁时，郭守敬开始全力投身天文事业。他创制了许多新的天文仪器，亲自领导全国性的大规模天文观测，参加制定了新的历法——授时历，并写了大量有关天文、历法的著作。1291年，60岁的郭守敬再次担负水利方面的领导工作。在他主持下，两年后从大都（今北京）到通州（今北京市通州区）的运河——通惠河竣工通航。

　　郭守敬是那个时代世界上为数不多的伟大科学家之一，他为祖国的繁荣进步奉献了自己的一生，也为世界科学的发展谱写了新的篇章。

勤奋好学的少年

公元13世纪前后的中华大地，狼烟遍野，烽火连天。

金国大举入侵，偏据一方的南宋小朝廷中"主战派"与"主和派"的斗争异常激烈。正在此时，在金国北边的蒙古高原上，迅速刮起了一股强劲的旋风。这股旋风的中心人物，就是铁木真。他于1162年诞生在一个蒙古贵族家庭中，少年时代遭到一连串的厄运，渐渐积累了斗争的经验。1206年，铁木真统一了蒙古各族，被推为全蒙古的大汗，尊称成吉思汗。"汗"的意思是"王"，"成吉思汗"的意思是"拥有四海的王"。

成吉思汗利用强大的骑兵，向南方发动了大规模的战争，所向披靡，迫使金国遣使求和。1227年，成吉思汗灭西夏，同年在西夏境内病逝。成吉思汗死后，三儿子窝阔台继任大汗，灭了金国。过了44年，也就是1271年，成吉思汗的孙子忽必烈建立了元朝。接着，忽必烈发动对南宋的猛烈进攻。1279年，南宋灭亡，忽必烈统一全国，建立起一个领土空前辽阔的元帝国。它的疆域东南临海，西到今天的新疆，西南包括西藏、云南，北面包括西伯利亚大部，东北直达西伯利亚东面的鄂霍次克海，领土的广大，超过了我国历史上的汉唐盛世。

一代天骄成吉思汗
(1162—1227)

在华北平原的西侧，与太行山东麓相距不远，如今河北省的西南部，有一座著名的历史古城——邢台市。在元朝时，它是邢州（后改称顺德府）的一个县，即邢台县。早在1220年，成吉思汗的金戈铁马就攻占了它。

当时，邢台县有户姓郭的人家，主人名叫郭荣，他不但通晓中国古代的文史典籍，而且擅长数学、天文、水利等多种学科，并常和当地一些好学之士探讨切磋治学之道。

1231年，郭荣膝下增添了一个小孙儿，取名郭守敬，字若思。郭守敬跟随祖父长大，不但每天用心读书，而且热衷于观察各种自然现象，有时还自己动手做一些有趣的小玩意儿。

　　当时，在邢台西南方，有一座风景秀丽的紫金山，一些读书人时常前往那里，避开嘈杂的环境潜心学习，郭荣有位名叫刘秉忠的朋友，也是邢州人，他原名叫刘侃，年轻时曾出家当和尚，法名子聪。后来经一位颇受蒙古人信任的海云禅师介绍，晋见忽必烈。忽必烈对他甚为器重，常向他咨询国家大事，刘秉忠是当官后才使用的名字。他精通天文、数学、历法、地理、音律及中国古代经籍，非常有学问。在郭守敬10多岁的时候，刘秉忠因父亲去世，从外面回家守丧三年。这期间，他和老朋友张文谦、张易等一起在紫金山读书，郭荣常去看望他。

　　郭荣看到孙子郭守敬很有希望成材，便送他到紫金山去跟随刘秉忠学习。郭守敬认真刻苦，在天文、数学、历法等方面都有很大长进。尤其重要的是，当时刘秉忠还带了一位名叫王恂的少年一同研习学问。王恂博学多识，比郭守敬还小四五岁。在朝夕相处、奋发学习的生活中，两位少年结下了深厚的友谊。后来，他们不但都成了我国历史上出类拔萃的科学家，而且还在天文历法工作中密切合作，共同取得了巨大的成就。

　　在这时期，郭守敬充分显示了他在科学方面的才能。

　　有一天，郭守敬得到一幅奇妙的图，上面写着"莲花漏"等字样。他听说过"莲花漏"

郭守敬的老师刘秉忠（1216—1274）曾跟从忽必烈30余年，为元代初期经济、文化的恢复和发展做出很大的贡献

这个名称，知道它是一种计时仪器，最初是北宋科学家燕肃对古代的"漏壶"做了改进创造出来的。在宋、金时代，莲花漏曾经广泛流传过，但是，连年战乱造成了严重破坏，到了郭守敬的时代，莲花漏已经极其罕见了。

　　郭守敬专心致志地注视着面前的莲花漏图，一次又一次地勉励自己：一定要搞清楚它的原理，弄明白它的制作方法！他从莲花漏图看出，真实的莲花漏相当复杂。图的上部有几个漏水的水壶，水流入下部的"箭壶"里，箭随壶中水位的升高而逐渐上升。人们只要看看箭杆上刻的数字，就可以知道现在是什么时间了。水壶的某些部分和箭都制成莲花、莲蓬和莲叶的形状，所以整个仪器获得了"莲花漏"的名称。

郭守敬仔细研究图上画着的每一个部分，渐渐窥透了其中的奥妙。原来，要使箭壶里的水位平稳地上升，从上面的水壶往箭壶里注水的速度就必须均匀。而要使水壶以均匀的速度往下漏水，壶中的水面高度就要保持不变……

少年郭守敬锲而不舍，步步深究。终于无师自通，仅靠一幅图就弄明白了一件科学仪器的道理。要知道，即使对经验丰富的成年科学家来说，这也绝不是一件容易的事情！

郭守敬还仿照古代流传下来的图样，用竹篾扎制了一个"浑天仪"。在晴朗的夜晚，他常常用它来观测星空。哦，那颗是牛郎星，那颗是织女星，那颗是北极星。小郭守敬对高远广漠的星空入了迷。

现代制作的莲花漏复原模型

除了对天文学兴趣浓厚外，郭守敬还对地理以及其他科学也发生了兴趣。南朝郦道元的《水经注》、北宋沈括的《梦溪笔谈》等名篇佳作，都令他爱不释手。

水利工程初显身手

在金朝的时候，古城邢台经济发达，人口稠密。经过连年战乱，那里的农业极度衰退，人丁外流，到了郭守敬少年时代，竟只剩下"五七百户"人家了。

和刘秉忠一起在紫金山读书学习的张文谦等人，后来都陆续出山到朝廷做官。对天文和水利都颇有研究的张文谦向忽必烈建议，委派一些为人清正、又有能力的官吏到邢州去好好治理一番，做出个榜样，让其他地方学习借鉴。忽必烈采纳了他的建议，便派张耕、刘肃等人前往邢州。张、刘两人到任后，想了不少办法恢复生产，使农民回到田地上，安心从事耕作。

庄稼离不开水，要发展农业就必须兴修水利。张耕、刘肃很明白这个道理，他们到邢台后，就着手规划水道的整治工作。邢台城北有三条河：一条是野狐泉，一条是达活泉，还有一条潦水。郭守敬的祖父郭荣自号"鸳水翁"，就是因为野狐、达活两泉下游合并成一条鸳水而得名。上述三条河原来都有堤堰，后来被冲溃。河水突入城内，留下许多泥潭，给百姓们的生活造成很大不便。三条河原先流过三座桥，中间达活泉上的那一座是石桥，后来渐渐被淤泥淹没，最后干脆就看不见了。

张耕和刘肃邀请年轻的郭守敬到城北现场考察，为修建新石桥和疏浚河道出谋划策。

那一年，郭守敬20岁。他欣然接受张耕和刘肃的邀请，立即投入了工作。他很清楚，水利工作需要丰富的经验，必须虚心向长辈们求教。为了使整个工程顺利地展开，郭守敬详细测量了那一带的地形，准确地查清水势，分划沟渠，核算工时，做了周密的规划。

疏浚工程开始了，郭守敬指挥人们将三条水分别沿各自的河道引向下游。他根据水流的情况和周围的环境，告诉人们应该在什么地方架桥。当人们按郭守敬的指点在那里施工时，竟把已经淹没大约30年之久的石桥旧基也挖了出来。许多人都为此感到惊讶，因为石桥淹没时他还没有出生呢！其实，郭守敬在安排计划前，已经从访问和查阅州县志中知道这里有座石桥。

石桥修好后，郭守敬又率人填补堤堰上的决口，使农田灌溉更方便了。由他规划设计的这项工程，总共只用了400多人，干了40天就胜利完成了任务。几十年的老问题终于解决了，乡亲们乐在心里，夸在口上，青年郭守敬受到了大家的赞扬。就连流淌在疏浚后的野狐泉、达活泉和潦水中的河水，也好像在快活地歌唱呢！

那时，有一位杰出的文学家，名叫元好问，特地为这次工程写了一篇题为《邢州新石桥记》的文章，记述新石桥的建造经过。文中专门提到了"里人郭生立准计工"，意思是说，由当地一位姓郭的读书人规划标记、计算工作量。这位"郭生"，就是郭守敬。

整修西夏古河渠

水，是一种伟大的自然力量。它是大地的动脉，生命的源泉。性情温和的

金元时期杰出的文学家元好问 (1190—1257)

水可以为山河增添迷人的风采，使沙漠变成瓜果常鲜的绿洲；狂野激怒的洪水又可以摧毁周围的一切，给人们造成巨大的灾难。人类应该做的是：尽最大的努力，使水成为自己的好朋友。

在历史上，每一个认真治理国家的君王，都绝不会对水利建设掉以轻心。元世祖忽必烈就是一位这样的皇帝。他定都中都（北京）后，看到附近的河渠水道被连年战争严重破坏了，便决定召集一些专家，负责兴修水利，整治河道。

郭守敬在紫金山学习时的师长张文谦，很得元世祖忽必烈的信任。张文谦深知郭守敬在水利方面的才能，便向忽必烈推荐郭守敬，说郭守敬熟悉水利，他的巧妙主意没人比得上。太好了！忽必烈需要的正是像郭守敬这样的人。

1262年（中统三年），元世祖在上都开平（今内蒙古自治区多伦附近）的便殿召见郭守敬。郭守敬第一次朝见皇上，心情不免有些紧张。但是，丰富的学识使他胸有成竹，对答如流。他当面向忽必烈提出六项有关水利工程的建议，它们主要包括四个方面的内容。

郭守敬的第一条建议是修复从中都到通州的漕运河。今天的北京在辽国的时候称为"燕京"，金朝初年名称未变，后来则改称"中都"。忽必烈执政之初仍称中都，后来于1267年（至元四年）开始动工兴建新的皇城、宫殿、王府、都城等，历时20余年形成新的帝都，称为"大都"。1285年（至元二十二年）忽必烈下诏，任官职者和富有者方可优先迁入大都，大量平民依旧留在中都旧城。当时旧城在人们心目中仍然很重要，常与新城并称"南北二城"。通州，就是今天北京市的通州区。

第二条和第三条建议，是郭守敬为家乡考虑怎样修渠有利于农田灌溉等方面的事情。他建议把城北的达活泉引入城中，使它分成三条渠，再从东面流出城浇灌田地。先前的邢州这时已升格为顺德府，那里有一条澧河，往东流到故任城时因泥沙淤积而改道，淹没农田1300多顷。郭守敬向忽必烈解释道，如果把失修的河道整治好，那么不但田地可以耕种，而且滹河水也可以和滹沱河会合，再进入御河（今卫河，在山东省临清与大运河合流），船只就可以在这些水道中通行无阻。

第四条建议关系到磁州（今河北省磁县）、邯郸一带的水利建设。如果在磁州东北滏水和漳水合流处引一支水通往滹河，那么沿途将可以灌溉3000多顷田地。

第五和第六条建议，谈的是合理利用中原地带的沁河河水以及黄河北岸的水道建设。郭守敬认为，怀州（今河南省沁阳市）、孟州（今河南省孟州市）一带的沁河虽然灌溉了农田，但还有漏堰的余水。如使它与丹河的余水相合，向东引流，注入御河，那么一路上又可以灌溉农田2000多顷。另外，在孟州西面修一条水渠，把黄河水引进来，让它从新旧孟州城之间流过，直到温县南再重新流入黄河。这样，也可灌溉田地2000多顷。

郭守敬的建议都是经过仔细查勘后提出的，所以能把它们的好处说得清清楚楚。元世祖忽必烈听得非常高兴，郭守敬每讲完一项，他都要点头赞许，并且夸奖道："任官职的人如果都像郭守敬那样兢兢业业，用心于事，那才不是摆摆样子吃闲饭啊！"

于是，忽必烈立即任命郭守敬为"提举诸路河渠"，负责掌管各地河渠的整修、管理等事宜。1263年（中统四年），郭守敬又升为"银符河渠副使"。

1264年（至元元年），政府计划修复西夏（今甘肃、宁夏一带）黄河河套平原的河渠。这里原有一些旧渠，其中最大的两条名叫"汉延""唐来"（亦作"唐徕"），它们位于如今的宁夏回族自治区银川市一带。汉延渠长约250里，唐来渠长约400里，可以灌溉很大面积的农田。此外，在黄河两岸也还有许许多多较小的河渠，它们为当地民众带来了很大方便。

元世祖忽必烈（1215—1294）于1271年定国号为"元"，翌年将都城迁到大都。原画藏于中国台北故宫博物院

由于战争的破坏，大部分渠道都废坏淤浅了。忽必烈把修复西夏河渠的任务交给了张文谦和郭守敬。

张文谦和郭守敬先去西夏巡视了一周，然后计划兴工修建。巧思过人的郭守敬提出了与众不同的方案。

这个方案是"因旧谋新"，也就是以原有河渠故道为基础，进行疏通、修理、更新。几十年来，当地百姓已经吃够了干旱的苦头，所以看到郭守敬前来治河无不感到欢欣鼓舞。广大民众的全力支持，使治渠工程进展非常顺利。在前后3年中，除唐来、汉延外，还有西北其他各地10条长度不下200里的正渠和68条大小支渠变得畅通无阻。眼望着渠水滚滚而来，人们的喜悦心情真是笔墨难以形容！这些修复的渠道，总共可灌溉农田"九万余顷"。

为了疏浚汉延、唐来等河渠，郭守敬设计和修建了许多水坝水闸，用来调节河水的流量。水坝上的有些桥梁，直到明朝中期还存在着。在此后几百年间，汉延、唐来两条大渠曾多次重修，基本上还是采取了郭守敬所用的方法。当地居民为纪念郭守敬修复旧河渠的功绩，在他还活着的时候就在渠上建了纪念祠。

郭守敬勤于思考、也善于思考。在负责西夏旧渠修治工程时，他望着黄河之水滔滔奔流，想起唐代大诗人李白的著名诗句"黄河之水天上来"，渐渐产生了一个念头：亲自查探黄河的源头究竟在哪里。他的同事和朋友觉得到荒无人烟、气候恶劣的崇山峻岭中去探溯河源，实在太冒险。可是，郭守敬认为，要搞好黄河水利，就得弄清楚黄河水的来龙去脉。探寻河源虽然危险，却对国计民生有利，所以不应该计较个人安危——这种冒险值得。

在历史上，也有过一些河源探险的故事。但那只是一些使臣、将

宁夏回族自治区银川市附近地图。在银川市、吴忠市一带，唐来渠、汉延渠、秦渠等古老的名称一直沿用至今

军途经这一地区，顺便做些查探。专门以科学考察为目的探查黄河源头的，郭守敬才是真正的第一人。郭守敬从孟门（今河南孟津）以东，沿黄河故道，不顾波涛的险恶，逆流上溯达数百里。最后因水流过激，工具简陋，只得中途返回。但郭守敬对经过地区的地形进行了考察，凡有利于兴修水利、灌溉农田的地方都做了记录。

黄河源头究竟在哪里？这个问题直到中华人民共和国成立后，才终于有了答案。1952年，新中国的黄河河源查勘队花了4个多月时间，深入青海省的草原地带，查出黄河源于巴颜喀拉山北麓雅合拉达合泽山以东的约古宗列渠。后来，有关部门又组织了多次考察，查明黄河之源是青海省巴颜喀拉山北麓的卡日曲（约东经96°，北纬35°）。

郭守敬修完西夏的河渠，在回京途中为了考察各地的水利灌溉情况，特地率领随从人员，坐船沿黄河河套顺流而下。船走了四天四夜，一直航行到大同府的东胜（今内蒙古自治区的托克托县）。郭守敬肯定了这段水路完全可以通航，从河套地区往京城运送粮食，走这段水路要比在崎岖不平的陆地上颠沛方便得多。

郭守敬回到京城后不久，又提出增辟中都水源的重要建议。他想到，金代曾在燕京西面的麻峪村，分引泸沟（今永定河，元代称为"浑河"）一支水向东穿出西山。河水的这个出口就叫"金口"。这股水灌溉了金口以东、燕京以北的许多良田，为农业带来不少好处。但是自从蒙古兴兵伐金以来，守土官吏唯恐河水泛滥成灾，就用大石块把金口堵死了。现在如果察看旧迹，使水流通，那么上游就可以输送西山的木材，下游又可以扩展京师的水运。这实在是一举两得的好事。

不过，泸沟的河水却很难驾驭。这条河含沙量很大，在冬天和春天雨水少的时候，泥沙容易沉积；夏天和秋天的洪水季节，汹涌的河水又常常泛滥成灾。它是那样地令人捉摸不定，所以，古人又称它为"无定河"。郭守敬考虑到这一点，又提出应该在金口以西预先开好"减水口"，用来削减水势，被引开的那部分河水先流向西南方，然后再流回泸沟。当然，水道必须开得又深又宽，以防水势大涨时造成灾害。

这时忽必烈在中都定都未久，正需要进一步发展中都地区的水路运输和农田水利，于是批准了郭守敬的建议。1266年年底，开金口、引泸沟的工程按计划进行。这条河疏浚恢复后，对京西农田灌溉起了一定的作用。

1271年，郭守敬被任命为都水监。1274年，忽必烈派大将伯颜南下大举伐宋。为了便于前后方的联系，元朝政府打算除原有的陆路驿站外，再另设水路驿站。郭守敬受命前往今天的河北、山东、江苏一带考察水道交通情况。他经过实地视察，定下中原地区的五条河渠干线，绘制了水陆交通网图，由伯颜呈报忽必烈。这样，在华北平原和黄淮平原上，就开始出现了用船只运送官员和文书的水上交通站——"水驿"。

横跨在永定河上的卢沟桥。图中右下方是宛平城，1937年7月7日的"卢沟桥事变"就发生在这里

元朝政府中，管理全国营造、工程修建等的官府叫作"工部"。1276年，都水监并入工部，郭守敬被任命为工部的高级官员"工部郎中"。他在都水监和工部任内做了许多工作，成绩较显著的还有黄河中游的地形测量，以及从京师到汴梁（今河南开封）沿途的水平高度测量等。

郭守敬在长期的水利工作中，不断比较各地的地势高低。他感到，老是说甲地的地势比乙地高多少，乙地的地势又比丙地低多少，实在太不方便。能不能制定一个统一的标准，来表示各处地势的差异呢？

郭守敬一直在寻求解决这个问题的途径。功夫不负有心人，最后，终于想出一个巧妙的办法。他以大都东边的海平面作为基准，将大都到汴梁沿线各地的水平高度与海平面逐一进行比较。他的结论是汴梁的水离海较"远"，也就是海拔较高，因而流速峻急；京师的水离海较"近"，也就是海拔较低，所以流速徐缓。这就证明了汴梁的地势比京师高。

郭守敬的测量结果是正确的，更重要的是，他首先确立了离海"远""近"的概念。这与今天人们常说的"海拔"概念相当。用这种方法来表示地势高低，在地理学和测量学上都具有很高的科学价值。

修订历法的序幕

中国的天文学有着非常悠久的历史。从殷商时代开始，直到16世纪欧洲近代自然科学兴起以前，中国古代天文学在世界上一直处于较领先的地位，在天文观测、宇宙理论、天文仪器和历法等许多方面，都对世界天文学的发展做出了重大贡献。

古代天文学的重要任务之一是制定历法，它和人们的日常生活、农业生产，甚至和国家的政治都有非常密切的关系。

谁都知道，人类的一切活动都离不开时间的安排。自古以来，人们就利用昼夜交替、月亮圆缺、四季更迭等自然现象，作为计量时间的依据。地球自转一周为一"日"，它是昼夜交替的周期。地球绕太阳公转一周叫作一"回归年"，平时人们也经常简称它为"年"，这是四季更迭的周期，时间长度为365.2422日。月亮圆缺变化的周期称为"朔望月"，长度等于29.5306日。很明显，"年"和"月"的实际长度都不是"日"的整数倍，这就给计时造成了麻烦。历法就是利用年、月、日三种不同的时间单位，既准确又方便地计量时间的方法。历法中的"年"和"月"分别称为"历年"和"历月"，它们总是"日"的整数倍。例如，一年12个月，一个月30天，等等。

根据地球公转运动制定的历法叫作"阳历"。现在国际上通用的公历就是一种阳历，一年有12个月，每月各有特定的天数。以月亮绕地球的运动为依据制定的历法叫"阴历"。阴历每个月的长度与一个"朔望月"的长度很接近。阴历通常也是一年12个月，所以一年只有354或355天，这和一个"回归年"的长度相差很多。因此，阴历不能反映季节的变化。与阳历相比，现在使用阴历的人已经不多了。

张培瑜等著《中国古代历法》书影（中国科学技术出版社，2008年）。全书深入介绍了中国古代历法的全貌、制定原理和典型历例

中国自古以来长期使用的"农历"，是一种非常有特色的历法。它的历史可以一直上溯到夏朝。农历使用阴历的历月，每逢大月30天，小月只有29天。同时，为了使历年的平均长度尽可能接近回归年的

长度，农历中平均每过两年多的时间，就在一年之中添加一个"闰月"。凡是有闰月的年份称为"闰年"，那一年就有13个月。没有闰月的年份则称为"平年"，只有12个月。由于农历兼顾了阴历和阳历的特点，所以它是一种"阴阳历"。

中国古代历法的内容相当丰富，包括推算太阳、月亮的位置和运动，编制每年的日历，预推水星、金星、火星、木星和土星这五大行星的位置，预报日食和月食等。麻烦的是，任何历法或多或少总会有些误差。一种历法用久了，误差就会累积起来，使用的时候就会发生问题。这时，就需要重新制定新的历法了。历法的不断发展，正是中国古代天文学发展的一条主线。

元朝初年使用的历法是金朝的"重修大明历"。由于时间已久，用它推算的天象与实际情况已经不完全一致。例如，在成吉思汗西征的时代，就发生过在初一的晚上看见了本应在初三晚上才出现的蛾眉月。老百姓也看到了"前日中秋节，今宵月方圆"的现象。因此，这样的历法再不修订实在是很不妙了。

1276年，元军攻占南宋首都临安（今杭州）。原先一直忙于打仗的忽必烈看到天下已经基本统一，便回忆起前年去世的大臣刘秉忠和现任司天台算历科官员曹震圭的多次建议，决定编制新历法。对于一个新皇朝来说，这确实是必不可少的大事。

于是，就在这一年，忽必烈下令设立了掌管天文历法的中央官署"太史局"，由张文谦和当年一起在紫金山读书、现已担任最高军事机构"枢密院"副长官"枢密副使"的张易领导。当年同在紫金山读书的少年王恂，这时，已是国内知名的数学家，并当上了"太子善赞"，即专门向皇太子提意见和建议的谏官。太史局的具体工作就由王恂负责，他们共同推荐著名学者、退休老臣许衡前来研究历法理论，并建议将精通天文的郭守敬从工部调到太史局来，负责制造天文仪器和进行天文观测。

郭守敬早就认识到改革历法的重要性，听说要修订新的历法，立即向忽必烈建议，在制定新历之前应该进行一次大规模的天文观测，而要搞好观测，首先必须有精良的仪器。张文谦、张易、王恂、许衡四人都很赞成他的主张。郭守敬仔细检查了大都城里天文台的仪器设备，发现已经太陈旧了，不能满足新的天文观测精度要求。于是他决心亲自动手，重新设计制造一批高水平的新仪器。

从此，郭守敬的科学活动又揭开了新的一页。

成批的新天文仪器

1279年，忽必烈改太史局为太史院，任命王恂为太史令，郭守敬为同知太史院事。

郭守敬知道，要创造一批新的天文仪器，需要相当的人力物力，这就必须得到皇帝和朝廷的支持。于是，郭守敬把新仪表的图样给忽必烈看，并详细地给他讲每个设计、每个部件的作用。忽必烈听得津津有味，几个小时过去，丝毫不感到疲倦。忽必烈当即批准了创制新仪的计划。

郭守敬带着皇帝的御批，指挥一批天文人员和工匠花了一段时间，把图纸上的新仪器都制造出来了。这些仪器有：简仪、高表、候极仪、浑天象、玲珑仪、仰仪、立运仪、证理仪、景符、窥几、日月食仪、星晷定时仪等。为了便于去各地观测的人员携带，又创制了"正方案""丸表""悬正仪"和"座正仪"等。此外，还制作了"仰规覆矩图""异方浑盖图""日出入永短图"等可同仪表相互参考使用的图。

郭守敬设计制造的天文仪器，最受古今中外天文学家推崇的是"简仪"。郭守敬为什么要制造简仪呢？原来，在郭守敬之前的古代天文学家，用来测量天体位置的最重要的仪器是浑仪（又叫"浑天仪"）。最迟在东汉时期，中国天文学家就已经在使用浑仪了。到了元代，浑仪已经使用、改进、发展了1000多年。这种仪器的基本形状是个浑圆的大球，"浑"的意思也就是圆。在这圆球里是一层套一层的圆环，其中有的能转动，有的不能转动。在这层层圆环中间有一根细长的管子，叫作"窥管"。把窥管瞄准一颗星星，就可以利用那些圆环来确定这颗

明代正统年间（1437年）的铜铸浑仪，现陈列在地处南京市的中国科学院紫金山天文台

星在天上的位置。

但是浑仪也有不足之处，它主要表现在两个方面。首先，浑仪在一个球中安装着七八个大小不一的环，环环相套，重重叠叠，严重地遮挡了窥管所能观测的天空范围。其次，浑仪的好几个环上都各有自己的刻度，观测人员观看和读出这些刻度相当不便。因此，使用浑仪进行天文观测还是相当麻烦的。

郭守敬想，要克服这些缺点，必须对症下药。浑仪结构过于复杂，是造成麻烦的根本原因。所以，应该从简化结构下手！

郭守敬仔细分析每个圆环所起的作用。他想：天体的位置在有些情况下，可以根据其他观测数据，用数学计算来推求，而不必在仪器中装上过多的圆环来直接测量。因此，有些圆环可以省去。经过反复地思考、计算、试验，郭守敬仅仅保留浑仪中必不可少的两组圆环，并把其中的一组分离出来，成为另一个独立的仪器。他把浑仪中原来罩在外面作为固定支架的那些环全部取消，改用一对弯拱形的柱子和另外4条柱子，以托住留在仪器上的一组主要的圆环。这样，就彻底改变了浑仪的结构，圆环四面没有遮挡了，观测起来既简单又方便。

郭守敬创造的这种新仪器，使已经沿用1000多年的浑仪大大简化了，所以称为"简仪"。其实，"简仪"并不简单，它是相当精密的。在欧洲，直到18世纪，基本结构与简仪相仿的天文望远镜才开始流行起来，这就是近代天文学中所说的"赤道仪"。

郭守敬改进的另一种重要天文仪器是圭表。圭表是古代一种测影的仪表。表是一根垂直立于地面的杆子，"圭"是从"表"的底端开始沿着水平方向朝正北方伸展的一条长板。当

明代正统年间（1437年）仿制的铜铸简仪，现陈列于南京中国科学院紫金山天文台

太阳在子午线上时，表影投落在南北方向的圭面上，量取影子的长短，就可以推算出夏至和冬至等节气。当太阳走到最北而位置最高的时候，表影最短，这时候叫作夏至。当太阳走到最南而位置最低的时候，表影最长，这时候叫作冬至。古代的表仅长八尺，由于表影较短，所以测量的误差比较大。

再说，只有在阳光照射下才会形成容易看见的表影。在月光下、特别是在星光下，表影微弱，甚至根本看不见，这时圭表就完全用不上了。

郭守敬之前的科学家们早就发现了这些问题，他们想过好多办法，但是无济于事。现在，同样的困难又摆到了郭守敬面前，他能不能想出什么好主意呢？

郭守敬陷入了沉思：测量表影的误差怎样才能避免呢？如果表影很短的话，那么按比例推算各个节气的时刻就会有很大的误差。相反，如果表影很长的话，按比例推算各节气的误差就会小得多……对了，关键是使表影加长。加长表影就意味着必须增加表的高度。

圭表是最古老的天文仪器。图中这件圭表铸于明代正统年间（1439年），清代重修

郭守敬深思熟虑后，做出一个大胆的决定：把表的高度增大五倍，也就是加长到40尺。这样，表影也就长了五倍，推算出来的节气时刻就会比以前准确得多。这种特别高的表，就叫作"高表"。

表影边缘模糊的问题又怎样解决呢？郭守敬在表的顶部做了两条各四尺的龙，由它们托住一根横梁，从梁心到圭面就是整个表的高度——40尺。横梁的影子就是表影的尽头，这样测量起来要比不加横梁容易，而且也更准确。

同时，郭守敬又发明了另一件辅助仪器——"景符"。它是一片很薄的铜片，中央开一个小圆孔，下面用一个方框斜撑着，保持北高南低的状态。郭守敬将景符放在圭面上，顺着圭面沿南北方向来回移动，使铜片上的小孔、表柱上的横梁中心，以及太阳圆面的中心处在同一直线上。这样，日光穿过小孔，在圭面上投下一个非常小的亮斑。在这亮斑的中央有一条又细又清晰的黑影，它正是横梁由日光照射而投下的阴影。于是，测量的表影长度就更加精确了。

另外，郭守敬制作的圭面，测量高表影长的刻度也比从前更加精细。他还改进了量取长度的技术，从原先只能直接量到"分"提高到可以直接量到"厘"。原先只能估计到"厘"，现在则可以估计到"毫"。这些优点，使得郭守敬的测量非常精密。如有一天的观测，记下了当天正午的表影长度是七丈一尺九寸五分七厘五毫，这在过去是根本达不到的。

除了高表和景符外，郭守敬还发明了一种在星光或月光下也能使用圭表进行观测的新仪器——"窥几"。这里，"几"的意思和茶几的"几"相仿，表明它的形状像一张长方形的桌子。几面中央有一条长缝，缝的两旁有刻度，就像尺子一样。窥几可以放在圭面上，观测者在窥几下面，可以移动几子使自己的眼睛、表上的横梁以及月亮或星辰处在同一直线上。这时，记下几面上和观测者的眼睛相对应的刻度，就可推算出月亮或星星在天空中的高度。有了窥几，天文学家就可以在晚上利用圭表进行天文观测了。

仰仪也是郭守敬创制的一项重要的仪器。仰仪是用铜制成的俯视天象的一种仪器，形状像一口仰天放着的锅。在仰仪釜内的半球面上，刻着适用于当地地理纬度的经纬线网络。太阳光穿过小孔，射到釜底，在半球面上投下一个圆形的像，映照在所刻的经纬线网上。据此，观测者立即就可以知道这时太阳在天空中的准确位置。这种方法当然比直接用眼睛注视太阳巧妙得多，测量结果也准确得多。每天进行这样的观测，就可以知道一年四季中太阳在天上的位置怎样变化了。另外，利用仰仪在不同的地方进行观测，还可以确定各地经纬度的差别。

登封观星台的四分之一原大仰仪复制品

更妙的是用仰仪来观测日食。为了判断一种历法是否精确，观测日食是非常重要的。根据历法可以推算出日食发生的时刻、日面上开始发生食的方向、日面亏缺部分的多少等，如果和观测到的实际情况相符，那就表明这种历法相当不错。如果和观测到的实际情况相差太远，就说明这种历法已经不能再用，必须进行修订了。太阳光过分炫目，用肉眼直接观测日食非常困难。但是，用仰仪观测就大不相同了。日食时，仰仪釜面上那个小小的太阳像，也相应地发生亏缺。这样，就可以从仰仪上一目了然地得知日食的方向以及不同时刻日面亏缺情况的变化。

在郭守敬的时代，像仰仪那样巧妙的仪器在世界上还从来没有过。后人常把仰仪和简仪并称为郭守敬最有代表性的创举。

浑天象是郭守敬的又一得意之作。那是一个木制或铜制的大圆球，球面上刻着或装缀着代表满天星斗的标记。它可以像今天我们常见的地球仪或天球仪那样，绕着通过南北极的轴线转动。郭守敬创制的浑天象的大球放在一个方柜中，使半个球露在柜外。方柜象征着大地，露在外面的半个球就代表观测者仰望的天穹。人们可以用浑天象演示日月星辰的东升西落和其他各种天象。例如，转动浑天象，可以使球面上的星星与当时天空的实际景象正相吻合，也可以预示几个小时、甚至几天、几个月以后的星空。它与简仪相配合，对实际的天文观测大有帮助。

郭守敬创制的大批先进天文仪器，理所当然地受到了古今中外科学家们的推崇和赞扬。《元史·天文志》中说，郭守敬所创制的仪器都达到了精妙的程度，他那高明的见解和过人的知识，实在是古人所不及的。现代著名科学家竺可桢在一篇介绍中国古代天文学伟大成就的文章中也说，郭守敬创制的仪器既巧妙又精密，胜过了前人。

大都的新司天台

天文仪器要放在专门从事天文观测的场所——这在今天叫作"天文台"。在3000多年前的周代，进行天文观测的高台称为"灵台"。以后这类观测场所的名称曾多次改变，但每个朝代总会在京城造一座天文台。在元朝之前，金朝曾建立了一个"司天台"。忽必烈当皇帝后，司天台暂时按金朝的老样子保留下来。1271年，又在上都设立了"回回司天台"，通常又称"北司天台"，由阿拉伯天文学家札马鲁丁负责。

1279年，作为太史院正副官员的王恂和郭守敬共同向元世祖忽必烈建议：在大都建立司天台，用铜来制作高表和其他天文仪器；同时，还提请政府在上都、洛阳等5个地方分别设置仪表，选派官员观测和管理。

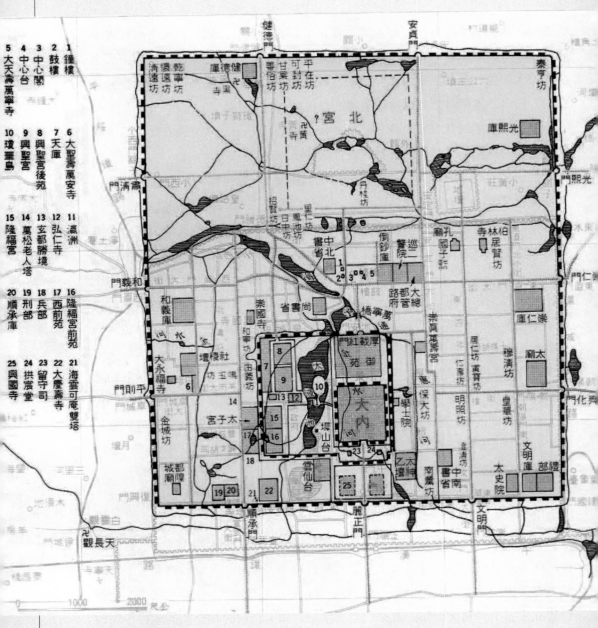

元代大都城图

　　忽必烈采纳了他们的意见，指派高级官员段贞负责整个"司天台"的建筑工程。许衡、王恂和郭守敬到各处踏勘，进行现场考察，最后决定在大都城东南部选定一块地方，作为新司天台的基地。接着便大兴土木，一座崭新的司天

116

台不久就建成了。它的位置离现存的北京建国门明清古观象台不远。

在兴建新台的过程中，有一位著名的尼泊尔建筑师阿你哥同王恂、郭守敬密切配合。阿你哥初见忽必烈时才20来岁。忽必烈问他："你到底有什么能耐？"阿你哥不慌不忙地回答："我全凭自己的创造性，擅长绘塑和铸制金像。"忽必烈令人取来一个已损坏的宋朝针灸铜像，问阿你哥能不能修复。阿你哥充满信心地说："我虽然没干过这种活，但我可以试试。"几年后，阿你哥把铜像完全修复了。忽必烈很高兴，就任命他为人匠总管。阿你哥配合王恂和郭守敬建成新司天台后，郭守敬创制的那些天文仪器就安放在上面。太史院的办公署也设在司天台中。

新的司天台长约250米，宽约180米，四周是一道高墙，建筑物分布在墙内大院中。司天台的主体建筑称为"灵台"，高约17米，最高处的平台顶部是进行天文观测的地方，主要的仪器是简仪和仰仪。人们白天在这里观测太阳，夜晚测量星星和月亮。

台的中、下部环绕着一组面积相当大的双层建筑。底层是太史院的行政办公署，二层是司天台的科学研究工作室。王恂、郭守敬就在楼下官署正厅内指挥整个太史院的工作。王恂的数学特别好，因而主要负责推算；郭守敬更擅长仪器和观测，因而主要负责实际测量。另外还有许衡以"集贤大学士"的身份，在那里指导太史院的研究工作。忽必烈很注重搜罗各方面的有用人才，他把太史院人员任用的大权直接交给了王恂。在郭守敬即将去上都、洛阳等地进行天文测量时，忽必烈还特地下令要他寻访精通天文、历法和数学的学者，以便改历工作更顺利地进行。因此，元朝初年的太史院人才济济，科学研究的水平很高。

在主体建筑的左方，还有一座比中央灵台稍小一些的观测台，台上有精致的玲珑仪。主体建筑的右侧，是雄伟壮观的四十尺高表，表的正北平躺着长长的石圭。

元代这个太史院和司天台的联合机构，在当时以及此后的二三百年中，无论在规模、设备，还是在观测、编历等方面，都是世界第一流的。在郭守敬的时代，世界上天文学能和中国天文学家媲美的只有阿拉伯人。例如，1259年，伊斯兰天文学家、数学家、哲学家图西开始在中亚兴建著名的"马拉盖天文台"。那里也集中了许多优秀的天文学家和良好的天文仪器，只是在规模宏大、设备完善、人员众多方面，还是赶不上郭守敬所在的元大都司天台。

"四海测验"和年的长度

成批的天文仪器创造成功后，郭守敬向忽必烈做了汇报，并建议先进行一次大规模的天文观测，在这基础上编修新历。他说：唐代的一行和尚和南宫说领导的那次天文大地测量，在各地一共设立了13个观测站。如今元朝的疆域比唐朝更加辽阔，如果不到更远的地方进行更大规模的实测，那就不能了解各地所见日月食情况和时刻的不同，也不能了解各地昼夜长短的差别和日月星辰在天穹上位置高下的差异。因此，应该设置更多的天文观测站，派人前往观测。即使眼下天文专业人才短缺，也可以先在南北方向上挑选一些地方，树起圭表，测量影长，把最基本的工作做好。这件事对于制定新历法非常重要，忽必烈完全赞同郭守敬的主张。

于是，郭守敬和王恂挑选和培养了14名熟悉天文观测技术的人员，让他们携带着正方案、丸表、悬正仪和座正仪四种新仪器，分头前往指定地点进行测量。除了大都以外，郭守敬在全国各地共选定26个观测点。他本人也率领一支人马，由上都、大都，历河南府，抵南海测验日影。这次大规模的测量，在当时称为"四海测验"。

郭守敬还在告成镇（今河南省登封市城东南）的周公测景台附近设计建立了观象台和量天尺。告成镇是古代阳城县的所在地，习惯上也称为"阳城"。相传那里就是中国历史上第一个奴

元代至元十六年（1279年）建成的登封观星台，1961年被国务院确定为全国重点文物保护单位

隶制国家夏朝最早建都的地方。

中国历代许多天文学家都到阳城进行过天文观测。据传公元前12世纪时，周公曾在此地用土圭测量日影。那里现在还保留着公元723年（唐开元十一年）天文官南宫说刻立的纪念石表一座，表的南面刻着"周公测景台"五个字。

郭守敬在"周公测景台"北面用砖石建了一座观星台。它是中国现存最完好的古代天文台建筑，也是世界上的重要天文古迹。观星台高9.46米，台体顶面呈方形，每边长约8米。整个台体越往下越宽，底面边长约17米。台的南壁上下垂直，东西两壁自下而上向内倾斜。台的北壁正中有一个直通上下的凹槽。

从槽的底部开始，还有一条全长31.19米的石圭。它由36块巨石拼接而成，沿着地面朝正北方向延伸。观星台北壁的凹槽相当于一个高表，横梁正好就架在一东一西两间小屋上。横梁的影子投向圭面，再配上景符就可以准确地测量影长了。这条石圭就叫作"量天尺"。

郭守敬、王恂和一批监候官在开展观测以后，先后获得了两批观测材料。

第一批资料是从南到北的6个观测点（南海、衡岳、岳台、和林、铁勒、北海）的纬度、夏至影长尺寸以及昼夜长短。第二批是其他20个地方的纬度。总的说来，这些测量结果是相当准确的。例如，第二批测量结果中20个观测点的纬度和现代测量相比，有9处误差不超过0.2°，其中有两处完全吻合。20处的平均误差也只有0.35°，即仅20′左右。

郭守敬领导的这次"四海测验"，南北方向的跨度达10 000余里，东西方向差不多也有5000里。无论从规模巨大、地域广阔，还是从测量精度之高来看；也无论是在中国历史上，还是在世界天文史上，都是空前的盛举。这次"四海测验"，大大扩充了当时的天文学知识，并为新历法的制定提供了重要的数据和参考资料。

制定优良的历法，必须精确地测定"回归年"的时间长度。例如，接连两个冬至，或者接连两个夏至的时间间隔就是一个"回归年"。冬至或夏至的时刻，可以利用圭表来确定。只要测量得准确，"回归年"的长度就可以定得很准。

这事说起来容易，做起来却很难。古人推算出来的"回归年"，往往不是太长、就是太短了。为了改善这种状况，必须反复地测量许多年，最终求出

"回归年"的平均长度。这要比仅用少数几年的资料准确得多。一位天文学家最多只能工作几十年，所以他必须充分利用前人已经取得的天文观测数据。

郭守敬正是这样做的。他利用从公元462年到公元1278年，总共816年的历史资料，求出回归年的平均长度为365.2425天，并把它用到了新历法中。这和回归年长度的精确数值365.2422天只相差0.0003天！在欧洲，从古罗马时代开始，一直把一回归年的长度当作365.25天。直到公元1582年，罗马教皇格里高利十三世改革历法，才将回归年的平均长度取为365.2425天。这种历法称为"格里历"，它一直沿用至今，成为世界通用的公历。格里历采用的回归年长度和郭守敬的数值相同，时间却比郭守敬晚了302年。

测定群星的位置

上古时代的人们已经发现，如果把天空中位置相近的一群星星划分为一组，并据此把天空分成许多区域，那么辨认星空就比较方便。天空中的这些区域就叫作"星座"。古人常把一个个星座与神话传说联系起来，把它们设想成各种神话人物、动物或其他事物的形象。

星座有着悠久的历史。古代生活在亚洲西部幼发拉底河和底格里斯河流域（如今伊拉克的所在地）的民族，可能早在公元前3000年左右就已开始划分星座，并为它们取了名字。公元前13世纪，他们把黄道附近的恒星分为十二组，这就是著名的黄道十二星座。这十二个星座的名字依次是：白羊、金牛、双子、巨蟹、狮子、室女、天秤、天蝎、人马、摩羯、宝瓶和双鱼。这些名字一直流传到今天，并在国际上通用。在古代希腊，最迟在公元前2世纪就已经形成包括40多个星座的星空体系。这些星座的名字

一幅1795年版的古典星图

大多和古老美丽的希腊神话联系在一起，并且同样流传到了今天。

中国古代也有自己独特的星空体系。早在周朝以前，即公元前11世纪以前，我们的祖先就把群星划分成了许多"星官"——它的意思和"星座"相仿，后来又进一步形成了"三垣二十八宿"。"三垣"是指天穹上北极周围的三个区域，即"紫微垣""太微垣"和"天市垣"。"二十八宿"则是大致分布在黄道附近的28个天区，它们各有自己的名字，如"角、亢、氐、房"等。月亮在天空中运动时，大致每个晚上经过其中的一个"宿"，所以，它们仿佛都是月亮的一间间"宿舍"。这些星宿的名称也流传了下来。

中国古代天文学家在测量"二十八宿"中各宿之间的距离时，常在每宿中各指定一颗星作为标志。这样的星称为"距星"。距星既然作为标志，它的位置当然就必须定得很准。一颗星在天球上的位置，也像一个城市在地球上那样，可以用经度和纬度来表示。不过，天球上的"经度"称为"赤经"，天球上的"纬度"则称为"赤纬"。一"宿"的距星与下一"宿"的距星的赤经之差称为"距度"，它可以确定这两颗距星之间的相对位置。自从战国时代以来，测定距度起初只能准确到古代使用的"度"，到了宋徽宗崇宁年间（1102－1106年），在"度"以下又附加了"少""半"和"太"等字样，分别表示测量结果中度的分数部分比较接近于四分之一、二分之一和四分之三。这比以前有了进步，但还不能令人满意。

郭守敬肩负着天文观测的重任。他深知，测定日、月、五大行星（水星、金星、火星、木星、土星）和其他天体的位置，都要以二十八宿的距度为依据。新历法的优劣要用这些天体的位置和运动来检验。所以，要提高观测的精度，制定精密的新历法，首先就要尽可能准确地测定二十八宿的距度。郭守敬对此是很有信心的，他的仪器比前人先进，测量技术又比前人高超。

郭守敬用来表示测量数据的最小单位定为二十分之一度，比宋代只用"少、半、太"精密得多。一次次地观测，一次次地计算，郭守敬终于把测量距度的平均误差降低到了4.5′。这一精度比宋朝时提高了一倍，它是中国古代天体测量史上的一次飞跃。

中国从春秋战国时代开始，就流传下来三部著名的"星表"，其中记载着许多恒星的名字和大致方位。三国时代吴末晋初的太史令陈卓汇总这三部著作，一共得到283个"星官"，1464颗恒星。从此这就成了典范，长期沿用下

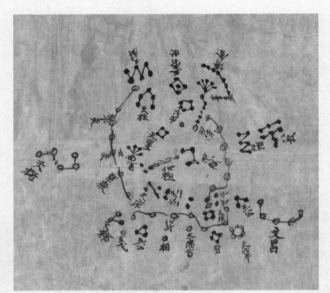

公元8世纪初的绢制敦煌星图，现藏于英国伦敦博物馆

来。但是，直到郭守敬以前，详细测量的恒星不过几百颗而已。

郭守敬决定把所有能够用天文仪器观测的恒星都测量清楚。入夜，只要天晴，他就来到测景台，仔细观测，认真记录。夜复一夜，年复一年，郭守敬不但仔细观测了陈卓星表中的那1464颗星，而且还观测了2000年来人们未加注意的许多无名之星。他把观测结果编制成两部详细的星表：《新测二十八舍杂座诸星入宿去极》和《新测无名诸星》。直到清朝初年，这两部极有价值的星表还在民间流传着。

《授时历》的诞生

正当郭守敬创制新的天文仪器，进行大规模天文观测的时候，编制新历法的工作也在有条不紊地交替进行着。

元世祖忽必烈在1276年已经把张文谦、张易、王恂、许衡、郭守敬这些既有学问、又有才干的人调集在一起，以便顺利、高效地完成历法改革。1279年，太史院又请到一位精通历法理论、还会推算日月食的学者共同工作。此人名叫杨恭懿，是奉元（今陕西省西安）人。他博闻强记，无书不读，家境虽然贫困却不肯做官。忽必烈两次召他进京，他都推辞了。第三次以敬老为名请他作客，也是赴京不久便回家了。这次，忽必烈又令人登门相邀，并送他到大都，与郭守敬等人共同制定新历。

许衡、杨恭懿、王恂、郭守敬一起研究了自汉朝以来先后颁行的几十种历法，并利用可靠的实际观测资料，在1280年编出了新历法。他们一起去向忽必烈汇报制定新历的经过。来到皇宫，他们按礼下跪，不料皇帝竟破例对特邀前来参加的两位老者——72岁的许衡和56岁的杨恭懿给予优待,让他们站起来说话。可见在皇帝心目中改革历法有多么重要。

他们在汇报中说:相传我国在黄帝、尧、舜时代就很重视天文观测,可是第一部比较系统的历法却到西汉年间才问世,那就是由邓平制定、在公元前104年(汉武帝太初元年)开始颁行的《太初历》。从那时以来的1000多年中,改定的历法大约有70种,而有所创新的主要有13家。现在天下归于一统,我们修订新历,先用旧仪、木表观测,再用新创制的简仪和高表复测、校验,并且创立了新的计算方法,所以虽说新历可能还不是完全准确,但与以前的改历者相比,我们对自己的工作确实是问心无愧的。

台湾故宫博物院藏许衡(1209—1281)画像。许衡字仲平,是13世纪中国一位百科全书式的学术大家,为制定《授时历》发挥了重要作用

忽必烈对郭守敬等人的汇报和新制定的历法很满意。他按照自古流传下来的"敬授民时"一语,将它命名为《授时历》。他令人撰写了一篇《颁授时历诏》,说明制定新历的缘由,并规定从1281年(至元十八年)正月初一起在全国实行。新历就在太史院中的印历局印刷。从此,每年都先编好下一年的历书,在冬至那天颁发。元朝政府对于天文历法管制极严:皇家垄断一切,决不许民间染指。《授时历》颁行时,太史院还奉命张贴布告,规定民间仿印者以违法论处,告发者赏银100两。

历稿完成后,仍有大量观测计算工作需要继续进行。可惜这时许衡获准退休,并在第二年去世了。杨恭懿从来不愿当官,这时也回奉元故乡去了。王恂因92岁的老父亲逝世,回故籍守丧。不料他悲哀过度,年仅47岁便一病不起,与世长辞了。两位上级官员中,张易于1282年因受一起案子牵连被杀,张文谦则于1283年病故。太史院中的全部工作重担,实际上已落到郭守敬一个人身上。郭守敬把自己要做的事情做好安排。他把浩瀚的天文观测数据和制定新历用的大量算表全部整理好,再总结经验规律,写出定稿,编撰成书。这些事情,花费了他好几年的时间。1286年,郭守敬继承王恂的遗职,被任命为太史令,这时他已经55岁了。他把自己的著作一一进呈给忽必烈,总数达百余卷之多。这些书全部归国家收藏，民间完全不可能刊印。随着岁月的流逝，在频繁的战乱中，这些宝贵的科学遗产几乎丧失殆尽，幸存下来的只是很少的一部分。后来，明朝初年修纂的《元史·历志》中，除保存了《授时历议》外，还收入了郭守敬等人叙述新历推算方法的《授时历经》。

《授时历》有许多改革创新的成就。首先，它废除了过去许多不必要、不合理的计算方法。例如，过去常用很复杂的分数来表示天文数据的尾数部分，授时历则改用十进制小数。其次，它还用了一些新的计算方法。例如，适用于球面三角形的计算公式等。第三，它采用了比较先进的数据。例如，将回归年的长度定为365.2425天。

《授时历》是我国古代最优秀的历法；在当时它也遥遥领先。它从1281年1月22日（至元十八年正月初一）起在全国一直用到元末。明太祖朱元璋于1368年改用《大统历》，但它的一切天文数据和计算方法基本上仍是照搬《授时历》。换句话说，《大统历》还是《授时历》，它一直使用到1643年。所以，《授时历》使用的时间实际上长达360年之久。它是中国历史上使用时间最长的一部历法。

《授时历》还传到了朝鲜和日本。元朝时候，朝鲜的高丽王朝使用的历法就是《授时历》。到明朝时，朝鲜编修成著名的《高丽史》，在它的《历志》中还载有《授时历经》全文。日本从我国隋朝时期开始就一直使用中国历法。《授时历》也传到了日本。在德川幕府时还刊行了《改正授时历经》（1672年），这时离郭守敬等人制定《授时历》差不多已经4个世纪了。后来，日本天文学家以《授时历》为基础，并用《授时历》的原理和方法，制定了《大和历》，于1685年开始在日本颁行使用。往后日本人改用自己制定的历法，但追本溯源它还是从《授时历》衍生出来的。

通惠河水神山来

待到制定《授时历》、整理各种资料、著书立说等事宜告一段落，郭守敬已经是六十开外的老人了。这时，除负责太史院的常规工作外，他的主要精力又集中到了新的水利工程上，那就是治理大都城的水道和改善"漕运"状况。

自金朝以来，当时称为"中都"的北京就成了首都。元朝改称"大都"后，它更成了当时全国的政治经济中心。大都城每年需要消耗的巨额粮食，绝大部分来自南方的产粮地区。为了运输方便，金朝利用隋唐以来修建的南北大运河和华北平原上的天然水道，建立了一个水路运输系统。这就是所谓的"漕运"。不过，由于受到自然条件的限制，漕运并不能直达北京。它的终点是在北京东面、离京城还有几十里路的通州。

从通州到京城的陆路运输，需要使用大量的车、马和人力。当时的道路远不如今天那么好。夏秋多雨，道路难免泥泞，时常发生车辆陷入泥中、马匹倒毙道旁的事件。北京春天多风沙，走陆路遇到的困难也比走水路多，即使最后把粮食送到了，也很可能误了时限。因此早在金朝，政府就尝试开凿一条从通州直达京城的运河，解决漕运问题。

开挖运河，必须在大都附近找到充足的水源，方能容舟船通行。离大都城较近的天然河流有两条，即发源于西北郊外的高粱河和从西南而来的凉水河。但是它们的水量太小，不能满足开挖运河的需要。大都城北几十里的清河和沙河水量虽然充沛，却往东南方向流入了温榆河上游，根本到不了大都城。

郭守敬在壮年时期就想到，大都城西北有座玉泉山，山下涌有一股清泉。泉水向东流，分出两支。南支流入瓮山南面的瓮山泊，再从瓮山泊向东绕过瓮山，与北支汇合继续东流，成为清河的上游。"瓮山"，就是今天北京颐和园中的"万寿山"，"瓮山泊"则是万寿山下"昆明湖"的前身。郭守敬向忽必烈建议在瓮山泊南面开渠，使流进瓮山泊的水不再向东流，而是往南引入高粱河。高粱河的下游在金朝时已被拦截到运河中，这样就增辟了运河的水源。郭守敬估计运河通航后，每年大约可以节省6万缗（一千个钱称为一缗，也就是

今日北京玉泉山

一"贯")钱的车费。他还建议在通州南面开一段拉直的运河，从蔺榆河口蒙村跳梁务（今河北省香河县河西务东面）到杨村（今属天津市武清区），这样可以避免浅滩、风浪、绕道等造成的不便。

经过忽必烈批准，郭守敬的计划实施了。不过，这一泉之水对充盈运河、畅通漕运来说，还显得远远不够。正在这时，制定新历法的工作紧锣密鼓地展开了。郭守敬离开了水利工作岗位，修运河的事情也就暂停了。

忽必烈建立大都后，仍经常回上都开平府去。那时的上都既是北部地区的政治、经济、文化中心，又是重要的南北交通枢纽；从中原向溪北运粮食、送物资，都要从那里经过。因此那里的种种耗费也很大。元朝政府除了大都本身外，还必须解决好上都的粮食问题。

1291年，有人建议从永平（今河北省卢龙县）沿滦河溯流而上，疏浚河道后，可把粮食一直送到上都。另一种意见则认为，如果修治浑河上游，粮船就可以一直通航到上都附近的荨麻林。忽必烈决定派人分两路实地勘察。第一路由建议人亲自前往，结果中途就碰壁返回。第二路让郭守敬同往，结果中途受到河中沙石阻拦，也无法继续前进。所以，两种方案都不可取。

北京市积水潭的郭守敬雕像

郭守敬到上都向忽必烈汇报调查结果时，同时又提出了11条水利工程建议。其中第一条就是关于大都运粮河的新方案。他详细介绍了自己的设想：大都北面昌平县（今北京昌平区）东南的神山脚下，有一处较大的泉水，名叫"白浮泉"。先把这股泉水向西引，直到西山东麓，然后折而往南，汇入瓮山泊。流出瓮山泊后，河水经原有的高粱河上游（今北京的长河），从和义门（今西直门）北的城墙下流进大都城，汇入城内的大湖"积水潭"中（今北京城中的积水潭和什刹海，就是当年大都城积水潭的遗址，但因淤缩，面积已比当年小多了）。然后，将水从积水潭向南引，到皇城东城墙南部而出，注入已废弃的金代运粮河，再向东直奔通州。

郭守敬的这一方案，即使在今天，对于熟悉北京地理的人来说，仍然会感到非常亲切。它和早先的方案相比有一个明显的优点，那就是一路上汇集的泉水都是清水，泥沙很少。这样就可以在运河下游设立一道道水闸，控制各段的水位，而不必再顾忌泥沙淤积。新修的河道与原有的水路交通网相连，从南方沿大运河北上的粮船就可以经过通州直达大都了。

当时，忽必烈正在为漕运问题长期未能解决而着急。他看到郭守敬的新方案后非常高兴，便迅速决定尽快办理此事。他下令恢复都水监这个机构，规定它掌管治理河渠和堤防、水利、桥梁、闸堰等各项事宜，并任命高源为都水监的长官（官职仍叫"都水监"）。不久，又命郭守敬以原职太史令"兼领都水监事"，也就是兼职领导都水监。在治理运河工程中，高源要接受郭守敬的领导。1292年春天，元世祖命令四"怯薛"（亲卫军）和各府官员属吏都来参加这次河工，同时还调动各族百姓，划分地段，分工进行，限期完成。四怯薛总管月赤察儿亲自率领部下，穿上工役服装，与军民工匠一起在郭守敬的安排下，热火朝天地干了起来。

那么，郭守敬为什么不直接朝东南方向把泉水引入大都城，而要选择那样一条迂回的路线，把白浮泉水引入瓮山泊呢？

这正是整个运河工程中在科学上最精彩的部分。郭守敬想到，从神山到大都城直线距离是60多里。白浮泉发源处的高度约为海拔60米，比大都城西北角最高处大约高出10米。倘若沿着神山到大都城这条直线，地势总是平缓地下降，那么泉水应该是可以直接引入大都城的。但是，实际上这条直线沿途却要经过沙河和清河两个河谷，地势都比大都城低，海拔都在50米以下。所以，要是直接把白浮泉水往南引，那么它就会像沙河和清河一样，顺着河谷向东流去，而不可能流经大都城、注入运粮河。郭守敬先把白浮泉水从神山下往西引到西山山麓，然后转向南流。这样不但可以使河床的高度始终保持徐徐下降，而且可以沿途拦截从西山上淌下的许多山泉，使水量逐渐增大。他沿着河道东岸修筑了长堤，使泉水南流时不致向东泻泄。这条长约30里的河堤就称为"白浮堰"。要做到这一点，必须进行很精确的地形测量。否则，怎么能在几十里长的路程上，看出各处地势高低的微小起伏呢？由此可见，郭守敬的引水策略非常高明，他测量地形的水平之高也确实令人佩服。

1293年秋，整个工程大功告成。从南北大运河和海上两路来的粮船，经过通州，一直驶进大都城，云集积水潭中。不久，忽必烈从上都回来，从积水潭附近经过，一眼望见湖中布满船只，连大片水面都被遮蔽得难以看见了。他满心欢喜地嘉奖郭守敬和月赤察儿："真是多亏了两位贤卿。没有你郭守敬出谋划策，就不会有这条渠；没有月赤察儿率领众人苦干，这条渠也成不了。"

忽必烈将新修峻的运粮河命名为"通惠河"。通惠河的通航，不但使漕运入京如愿以偿，而且促进了南货北运，繁荣了大都城的经济。如今，通惠河的名称依然未变，只是随着北京城市建设的不断发展，它从通州上溯的终点不再是积水潭，而是退到了北京市东便门立交桥一带。

今天的北京市通惠河

今天，当人们在古老而又年轻的北京城，凝视着欢快地流淌的通惠河，缅怀生活在700年前的郭守敬和治河人员，谁又能不为我们祖先的智慧与辛劳感到由衷的喜悦和自豪呢？

德高望重的晚年

通惠河开浚后，郭守敬在原职之外又兼任了"提调通惠河漕运事"，负责管理漕运事宜。1294年，63岁的郭守敬升任为"昭文馆大学士"。这是元代授予汉官的一种带荣誉性的虚衔，级别很高。他的实职则由太史令改任"知太史院事"，成为太史院的最高长官，主管天文、历法方面的工作。于是，郭守敬这时的职务恰好和先前的张文谦相仿。同年，忽必烈去世。他的孙子铁穆耳继承皇位，这就是元成宗。

关于水利方面的重大事情，朝廷仍然经常听取郭守敬的意见。1298年，有人建议在上都西北郊的铁幡竿岭下开渠通往滦河，宣泄山洪。元成宗铁穆耳召见郭守敬一同商议。郭守敬查勘了地形，调查了降雨情况，研究了山洪暴发的历史资料，发现这一带平时虽然水势平缓，连降大雨时山洪却异常凶猛。因此，他认为河道必须开得相当宽阔，否则山洪骤发势必成灾。

郭守敬明确提出，河道宽度必须达50步（我国古代以5尺为1步，元代的

1尺略小于今天的1市尺。50步约相当于75米）至70步（约105米）。但当时主管此事的官员却认为郭守敬对形势的判断过于严重，竟把郭守敬所定的河渠宽度缩小了三分之一。

北京市积水潭的汇通祠已辟为郭守敬纪念馆

偏巧，铁幡竿渠道修好后，第二年大雨时节山洪如注，狭窄的河身容不下汹涌的大水，顿时两岸泛滥成灾，人畜帐篷淹没者不计其数，就连元成宗铁穆耳的行宫也差点遭水冲淹。铁穆耳不得不立即向更高的山冈上迁移避水。这时，他想起郭守敬去年的忠告，不由得对左右官员们感叹道："郭太史真是神人啊，可惜没有听他的话！"

先前忽必烈在世时，在制定《授时历》期间，郭守敬曾制造过一架"七宝灯漏"。它悬挂在梁上，看起来好像一只灯球。其实，那是一台用水力推动的机械报时钟，结构相当复杂。每到一定时刻，灯漏里就有木人抱着"时牌"出来报时。另外还有一个木人用手指点当时是第几刻。每逢正时、正刻，就有木人或鸣钟，或打鼓，或敲锣，或击钹。更有趣的是，灯漏中按东、南、西、北四个方位分别布置了苍龙、朱雀、白虎、灵龟四个动物模型，到一定时刻，动物就会起舞、鸣叫。忽必烈非常喜欢这架灯漏，便将它安放在皇宫的正殿大明殿上，又称"大明殿灯漏"。

到了修建铁幡竿渠的那一年，即1298年，郭守敬又制造了另一座用水力推动的仪器——"水浑运浑天漏"。它实际上是一座天文钟，由两部分组成，专供灵台使用。仪器的上部是一座浑象，即天球仪，点画着周天恒星的位置。球体外面斜围着两道环，分别代表黄道（太阳在天球上周年视运动的轨迹）和白道（月球的公转轨道）。下面是动力部分，用水力推动一套由木制轮轴和齿轮构成的机械，其中大大小小的"机轮"共有25个。齿轮带动浑象和日月两环每昼夜"随天左旋"一周。同时，日环上代表太阳的小球又每天"右转"一度，表现出太阳在天球上的位置一天天怎样地变化。月环上代表月亮的小球则每天"右转"13度多，表现出每夜月出的时间大致都要比前一夜推迟半个时辰。在唐朝，天文学家一行和梁令瓒曾经制造过"水运浑天铜仪"，也附有日、月两个环圈，可以做类似的演示。但是这架仪器的机械结构和制作方法久已失传，直到郭守敬才重新恢复，并且做得更加完美了。水浑运浑天漏是郭守敬制作的最后一件重要仪器，当时他已经67岁了。

所有这些成就使老年的郭守敬声望愈益上升。1303年，铁穆耳下令，凡年龄已到70岁的官员都可以申请退休，告老回乡。当时已经72岁的郭守敬同样也提出了申请，可是铁穆耳唯独不准他退休，因为朝廷还有许多工作要倚重于他。

忽必烈死后，元朝政权逐渐衰落。铁穆耳登基后，曾对诸多亲王、公主、驸马、勋臣大加赏赐，意图用钱财笼络人心，仅仅两年时间就几乎把国库耗尽。即使如此，他在元朝仍是个"守成之君"，还能维持住大局。铁穆耳当了13年皇帝，于1307年去世。忽必烈的另一个孙子海山继位，世称元武宗。武宗在位仅4年多，于1311年病逝。接着，海山的弟弟爱育黎拔力八达继位，是为元仁宗。武宗和仁宗时朝政腐败，生产停滞，百姓的生活越来越艰难了。

一个国家到了这种地步，发展科学技术就很难了。在此环境下，晚年的郭守敬仍旧担任知太史院事一职。但这时的太史院再也没有30年前的那种勃勃生机，而变得墨守成规，但求无过了。

1316年（元仁宗延祐三年），郭守敬在知太史院事任上与世长辞，终年85岁，遗体归葬于邢台西北约30里的地方。

中华民族的骄傲

纵览世界科学发展史，回顾郭守敬的生平业绩，谁也不能否认：他是那个时代世界上为数不多的了不起的科学家之一。他以出类拔萃的智慧和辛勤的劳动，为祖国的科学事业与社会繁荣做出了卓越贡献，为世界科学史谱写了新的篇章。

郭守敬的造诣既深且广，他是天文学家、数学家、水利专家、地理学家、测绘学家、机械工程专家。他的科学水平、创造能力、务实精神和工作态度，都永远值得人们崇敬。

郭守敬创制的大批天文仪器构思巧妙，精密可靠。它们不仅大大超越了前朝，而且创造了新的世界水平。他创制的简仪是世界上第一台采用"赤道装置"的天文观测仪器，在世界天文学史上具有划时代意义。正如一位现代英国科学家所说的那样：元代天文仪器"比希腊和伊斯兰地区……的做法优越得多"，这些地区"没有一件仪器像郭守敬的简仪那样完善、有效而又简单。实际上我们今天的赤道装置并没有什么本质上的改进"。郭守敬复原、重新制造久已失传的水力机械时钟，它的传动装置相当先进，这也走在了14世纪诞生的欧洲第一台机械时钟的前面。

郭守敬主持的"四海测验"，是中世纪世界上规模空前的一次大范围地理纬度测量。他编制的两部星表《新测二十八舍杂座诸星入宿去极》和《新测无名诸星》，所包含的实测星数不仅突破了历史上的记录，而且在以后300年间也没有人超过他——包括著名的丹麦天文学家第谷·布拉赫在内。

郭守敬测定的黄赤交角，数值非常精确。直到18世纪，欧洲天文学家还引用它来为"黄赤交角随时间变化"的理论提供证据。

郭守敬和王恂等人制定新历法时，创立了新的计算方法和数学公式。这是中国数学史上的重要新成果。他们发明的"弧矢割圆术"，大体上相当于用某种特殊的方式表示的"球面三角学"。他们发明了"三差内插"法，直到将近400年后欧洲人才开始使用类似的方法。

郭守敬主持的水利工程，对发展农业生产起了重要作用，为南北水路交通和大都城的繁荣做出了历史性贡献。今天，从密云水库直通北京市的"京密引水渠"，自昌平经昆明湖到紫竹院这一段，大体上也还是沿着郭守敬当初规划的路线。

郭守敬在大地测量方面首创了相当于"海拔"的概念，这又在世界上居于领先地位。他根据实际测量的结果，编制了黄河流域一定范围内的地形图。后来，在将白浮泉水引往大都城前，必然也做过很精密的地形测量。

郭守敬去世300多年后，明朝末年来华的德国传教士汤若望获悉了郭守敬取得的伟大天文成就，便称赞他是"中国的第谷"。这原是一番好意。但是，郭守敬的时代毕竟比第谷要早300年，试想，如果世人先知道了郭守敬，后来才知道第谷，那么他难道不应该反过来把第谷比作"欧洲的郭守敬"吗？

700年来，人们对郭守敬做出的评价众口一词，正如当年许衡称赞他的那

今天的京密引水渠。从昌平经昆明湖到紫竹院这一段，基本上就沿着当初郭守敬规划的路线

样："似此人世岂易得！"

在当代世界，人们又用许多新的方式表达了对郭守敬的敬意。例如，中国历史博物馆的通史展览忠实地介绍了郭守敬的事迹，设置了他的胸像。1962年12月1日，我国邮电部发行了编号为"纪92"的一组8枚纪念邮票（中国古代科学家，第二组），其中两枚与郭守敬有关：一枚是郭守敬半身画像，另一枚文字是"天文"两字，画面是"简仪"。两枚邮票面值都是20分。

1962年邮电部发行的纪念邮票"郭守敬"（纪92.8—7）

1970年，国际天文学联合会将月球背面的一座环形山命名为"郭守敬"。1978年，国际天文学联合会将中国科学院紫金山天文台在1964年发现的第2012号小行星正式命名为"郭守敬"。1981年，中国科学技术史学会、北京天文学会等组织联合在北京召开大会，纪念郭守敬诞生750周年和《授时历》颁行700周年。

1984年，邢台市决定为郭守敬塑造铜像和建造纪念馆。同年10月，纪念馆奠基仪式在邢台市达活泉公园隆重举行。1986年，这座占地50多亩的纪念馆正式对外开放。大门上方悬挂的匾额"郭守敬纪念馆"，是1985年12月中共中央总书记胡耀邦题写的。大门两侧的楹联"治水业绩江河长在，观天成就日月同辉"，是1994年9月全国人大常委会副委员长卢嘉锡题写的。纪念馆门前有一座长11.2米，高4.5米的大型陶瓷影壁，影壁上镌刻的"观象先驱世代景仰"八个大字，系1986年10月全国政协副主席、北京大学周培源教授所题。

是啊，郭守敬是永远值得世人景仰的，他永远是中华民族的骄傲！

邢台市郭守敬纪念馆的郭公铜像

下篇　观天慧眼

坐观星河

——光学望远镜的足迹

伽利略和他的天文望远镜

自从伽利略发明天文望远镜以来，光学望远镜经历了一次又一次的变革。从小口径到大口径，从折射望远镜到反射望远镜又到折反射望远镜，从单块镜面到拼接镜面，从地面到空间，望远镜的性能在不断提高，天文学也随之取得了长足进步……

偶然的发现

人类从很早的时候起，就注意到了光的折射现象。一根直棍斜着浸入水中，它仿佛就在空气和水的界面处弯折了。把它取出水面，看到的还是一根直棍。弯折的并不是棍，而是光。

光在空气中传播，如果射到一块表面弯曲的玻璃上，那么垂直于曲面入射的光线将会进入玻璃继续沿直线传播，而不发生折射。但是，如果玻璃表面是凸的，它向着光源鼓起，那么射在偏离曲面中心某处的光线，将会倾斜地进入玻璃，并朝中心方向弯折。光的入射点离曲面的中心越远，就折射得越厉害。结果，射到曲面玻璃上的光就会聚到某个"焦点"或焦点附近。

人们肯定也早就知道放大现象。例如，树叶上的露珠可以放大树叶的叶脉图案。如果太阳光穿过一个注满水的球形玻璃容器，那么原本布及整个球面的光线就会聚集到焦点上，使位于焦点处的物体变热，甚至燃烧发出火焰。相传古希腊科学家阿基米德就曾用这种"燃烧玻璃"烧毁了围攻其故乡西西里岛叙拉古的罗马舰队。虽然这在事实上几乎不可能，但因古罗马哲学家塞涅卡记述了此事，它便成了著名的历史传说。

13世纪的英国学者罗杰·培根已经利用放大镜来帮助自己阅读，并建议人们戴上透镜以改善视力。在意大利，公元1300年前后就开始用凸透镜制作眼镜了，这对老年人很有用，故俗称"老花镜"。反之，凹透镜有助于纠正近视。公元1450年前后，近视眼镜开始付诸实用。眼镜的种类很多，总的说来，如果透镜的中央部分比边缘薄，那么它将有助于纠正近视；如果中央比边缘厚，则有助于纠正远视。

在16世纪，荷兰人最善于制造眼镜，在他们的店铺中各种透镜琳琅满目。相传1608年的某一天，荷兰眼镜制造商汉斯·利帕希的店铺里，就有个学徒将两块透镜叠置眼前，窥视四周自娱自乐。结果他惊讶地发现，远方教堂上的风标看起来居然近在咫尺！

利帕希立刻明白了这项发现的重要性，并且认识到应该将透镜安装到一根金属管子里，以利固定。他将这种装置称为"窥器"（looker）。后来，人们

荷兰人在集市上选购眼镜的木刻画

还曾称它为"光管"（optic tube）或"光镜"（optic glass）。直到1667年，英国诗人约翰·弥尔顿还在他的名著《失乐园》中，把这种仪器称为"光镜"。另外，也有人建议将其称作"透视镜"（perspective glass）。

不过，早在1612年，希腊数学家爱奥亚尼斯·狄米西亚尼就建议使用"望远镜"这个名称了。英语中，望远镜称为telescope，它源自希腊语中的tele（意为"遥远"）和skopein（意为"注视"），也就是说，它使人们能够注视遥远的物体。1650年前后，这一名称站住了脚。

人们通常认为荷兰眼镜制造商汉斯·利帕希（约1570—约1619）是望远镜的最早发明者

利帕希的望远镜出名后，又有其他人宣称自己是这方面的首创者。例如，与利帕希同处一地的眼镜商简森（Zacharias Janssen）就声称早在1604年已经造出一架望远镜。但是，那些争夺荣誉的人除了观看取乐外，并未用望远镜做过任何有益的事情。利帕希却将望远镜献给了荷兰政府，用作战争装备。那时，荷兰为了赢得独立，已经与西班牙苦战了40年。荷兰主要是靠海军抵抗西班牙的优势兵力，望远镜使荷兰舰队早在敌人发现他们之前，就先看清了敌人的船只，从而使自己处于有利地位。应该说，利帕希享有望远镜发明者的荣誉乃是当之无愧的。

指向天空

将望远镜用于探索宇宙的奥秘，要归功于意大利科学家伽利略。1609年5月，45岁的伽利略访问威尼斯，在那里听到荷兰人把两块透镜放进一根管子发明了望远镜的传闻，马上凭借他的聪明和物理学造诣，独立创制了他自己的望远镜。他把一块凸透镜和一块凹透镜装进一根直径4.2厘米的铅管两端，使用时凹透镜在靠近眼睛的一端——它是"目镜"，凸透镜则靠近被观测物体的一端——它是"物镜"。

伽利略的那些望远镜，是人类历史上的首批天文望远镜，其性能也许还比不上现代的高品质观剧镜。然而，当伽利略将它们指向天空时，人类对宇宙和自身的看法就开始发生彻底的改变了。

伽利略把望远镜指向月球，看见月球上坑坑洼洼，表面布满了环形山。就在地球近旁，便有一个与之相仿的世界，这无疑降低了地球在宇宙中的特殊地位。他又看见太阳上不时出现的黑斑——太阳黑

伽利略描绘的通过望远镜看到的月面草图。这是人类第一次用望远镜观测天体

子，日复一日地从太阳东边缘移向西边缘。这就明白地告诉人们，巨大的太阳在不停地自转着，那么，远比太阳小得多的地球也在自转还有什么可大惊小怪的呢？伽利略从望远镜里看到，银河原来是由密密麻麻的大片恒星聚集在一起形成的，而且他还看见了前人从未见过的比6等星更暗的大量恒星，这就雄辩地说明了古希腊天文学家并不通晓有关宇宙的全部知识，所以不应盲目接受古希腊人的地心宇宙体系。看来，宇宙远比任何前人可能想到的更加浩瀚和复杂。

接着，伽利略又把他的望远镜指向行星。1610年1月，他从望远镜中看到木星附近有4个光点，夜复一夜，它们的位置在木星两侧来回移动，但总是大致处在一条直线上，并且始终离木星不远。伽利略断定，这些小亮点都在稳定地环绕木星转动，犹如月球绕着地球转动一般。不久，开普勒听到这一消息，就把这些新天体称为"卫星"，英语中称为satellite，此词源于拉丁语，原指那些趋炎附势以求宠幸之徒。也许，开普勒觉得它们老是围在大神朱匹特——木星身旁，活像一些攀附权贵的小人。如今，这4个天体依然统称为"伽利略卫星"。

伽利略卫星是人类在太阳系中发现的第一批新天体。古希腊人关于一切天体都环绕地球转动的想法显然是错了，这4个前所未知的天体不是正在绕着木星打转吗？

保守分子们硬说这是透镜的瑕疵造成的假象。但是，不久就有一位名叫西蒙·马里乌斯的德国天文学家宣布，他也通过望远镜看见了这些卫星。马里乌斯沿袭用神话人物命名天体的古老传统，按离木星由近到远的次序，依次将这

伽利略根据观测记录的木星及其卫星的位置变化情况

4颗卫星命名为伊俄（Io）、欧罗巴（Europa）、加尼米德（Ganymede）和卡利斯托（Callisto）。他们都是希腊神话中的人物，在汉语中依照离木星从近到远的次序，分别称为木卫一、木卫二、木卫三和木卫四。

伽利略借助这种新的利器，还发现了金星的盈亏圆缺，发现了银河由无数星星密密麻麻聚集而成。所有这些发现，不仅有力地支持了哥白尼提出的"日心说"，而且还使人领悟到，宇宙是何其浩瀚复杂而又丰富多彩。

守不住的秘密

1666年，牛顿用三棱镜分解了太阳光，这使他认识到白光乃由不同颜色的光混合而成。白光经过三棱镜，就会像彩虹那样呈现为一种"红—橙—黄—绿—蓝—靛—紫"的色序。这称为"光谱"，英语为spectrum，它源自一个拉丁词，原意是"幻象"或"幽灵"。

伽利略的望远镜以光线的折射为基础，称为"折射望远镜"。利用光线的反射现象制成的，则称为"反射望远镜"。人们发现，通过折射望远镜观测天体时，星像周围会出现一种彩色的环，它使观测目标变得模糊了。这种现象叫作色差，伽利略不明白它的起因，当时也无法消除它。

玻璃对不同颜色的光具有不同的折射能力，这叫作色散。红光的折射最少，所以它通过凸透镜后，聚焦在离透镜较远的地方；橙、黄、绿、蓝、靛、

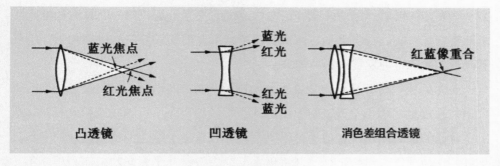

| 蓝光焦点 | 蓝光 红光 | 红蓝像重合 |
| 凸透镜 | 凹透镜 | 消色差组合透镜 |

消色差透镜原理示意图

紫光则依次聚焦在离透镜越来越近的地方。如果望远镜做得使红光的聚焦最好，那么在红光的焦点处，其他颜色的光已经越过了各自的焦点，物像周围就出现一道稍带蓝色的环边；如果望远镜对紫光聚焦良好，那么在到达紫光的焦点时，其余颜色的光尚未到达各自的焦点，于是物像四周形成一个稍带橙色的环。无论你怎样调焦，都不能完全甩掉这种色环。

然而，色差并非不可战胜。设想用两种不同类型的玻璃来制造透镜：先用一块凸透镜使光线会聚，再用一块凹透镜使光线微微发散。光通过这两块透镜后聚集到焦点。当然，由于凹透镜的作用，这时的光线将不如仅仅通过头一块凸透镜时会聚得那么厉害。

现在假定，用以制造凹透镜的这种玻璃的色散本领比制造凸透镜的那种玻璃大，也就是它能使红光与紫光分得更开。于是，这块凹透镜发散光线的能力虽然不足以抵消光线穿过凸透镜后的会聚，但是由于其色散大，却可以抵消凸透镜造成的各种颜色的分离。换言之，用两种不同玻璃制成的复合透镜有可能消除色差。

首先想到这点的是18世纪的英国律师兼数学家切斯特·穆尔·霍尔。他发现火石玻璃的色散显著地超过冕牌玻璃，便用冕牌玻璃做凸透镜，用火石玻璃做凹透镜，并且将两块透镜设计得正好能够拼在一起。这种复合透镜就像一个凸透镜那样，能够使光线聚焦，同时它又在很大程度上消除了色差。

霍尔担心别人捷足先登。为了保守秘密，1733年他做出了这样的精心安排：让一家光学厂商磨制他的凸透镜，同时让另外一家厂商磨制他的凹透镜。他以为这样一来别人就不会知道他的意图了。

不料，这两家厂商都很忙。他们不谋而合地将霍尔的任务转包给了第三方——乔治·巴斯。巴斯注意到这两块透镜的主人都是霍尔，而且它们恰能紧紧地密合在一起。很自然地，两块透镜磨好后，巴斯就将它们拼合起来仔细观看一番。他惊奇地发现：彩环消失了！

霍尔的秘密传开了。光学仪器商约翰·多朗德闻讯后，对此做了透彻的研究，并且奠定了消色差透镜的理论基础。1757年，他用冕牌玻璃和火石玻璃造出了自己的消色差透镜。他干得很出色，并且获得了制造消色差透镜的专利。不过，在他的报告里全未提及20年前霍尔已经做过几乎相同的工作。1758年，多朗德向皇家学会宣布了他的成果，3年后被选为皇家学会会员，并被任命为英王乔治三世的眼镜制造师。

1761年，约翰·多朗德在伦敦去世。4年以后，他的儿子彼得·多朗德又发明了一种性能更好的消色差透镜。它由3块透镜组合而成：一块凹透镜夹在两块凸透镜之间。首先用消色差透镜制造折射望远镜的也是这父子俩，另外还有老多朗德的女婿杰西·拉姆斯登。

人们通常将消色差的功劳归于约翰·多朗德。也有人认为这似乎委屈了切斯特·穆尔·霍尔。不过，平心而论，多朗德的实际贡献要比霍尔大得多。毕竟，使一项新发明尽早尽善地付诸实用，难道不比无谓的"保密"强得多吗？

另一种望远镜

多朗德还指出，牛顿关于透镜的色差永远不可避免的观点肯定是错了。这说明，即使像牛顿那样伟大的人物也有可能出错，能够认识到这一点实在是件大好事。

牛顿是个遗腹子，又是早产儿，并且差点夭亡。他年幼时，对周围的一切充满好奇，但并不显得特别聪明。十来岁时，他在学习上似乎还相当迟钝。1660年，牛顿在舅父的促成下进了剑桥大学，1665年毕业，成绩并不突

牛顿使用过的简易实验室

出。接着，为了躲避伦敦大火引发的瘟疫，牛顿回到了母亲的农场。

就在1665年到1666年这段时间，牛顿在数学方面奠定了微积分的基础，在力学方面奠定了如今我们称为"牛顿力学"的基础，在光学方面奠定了光的颜色的理论基础，并且形成了万有引力定律的基本构想……在一年之中，这个24岁的青年人做出了如此众多、如此重大的惊人发现，实在是人类文明史上的一大奇迹。后来，人们就把1666年称为牛顿的"奇迹年"。

1696年，政府委任54岁的牛顿为造币厂总监，1699年又升任总裁。这两个职位薪俸优厚，地位显赫，只有牛顿才当之无愧。但是，这却断送了牛顿的科学工作。他辞去教授职务，专心从事新职；他改善了造币厂的工艺，令伪造者丧胆。他还任命多年的好友哈雷做自己的下属。

1727年3月20日，牛顿在伦敦逝世，安葬在威斯敏斯特大教堂。他有两句众所周知的不朽名言，一句是"如果我比别人看得更远些，那是因为我站在巨人们的肩上"，出自他于1676年写给胡克（Robert Hooke）的一封信；另外，据说他还说过："我不知道世人对我怎样看，但在我自己看来，就像一个在海滨嬉戏的孩子，不时为找到一只比别人更光滑的卵石或更美丽的贝壳而高兴，而我面前浩瀚的真理之海，却完全是个谜。"

现在我们再来看看，牛顿本人为了避免色差，是如何另辟蹊径的。他决定用反射代替折射，走反射望远镜之路。那时的反射镜，镜面都是金属的。

从古代起，人们就知道曲面反光镜也可以聚光。平行光线从一个凹面镜上反射，也会发生会聚。反射镜对所有各种颜色的光以完全相同的方式反射，因此不会产生色差。

然而，反射望远镜也有问题：光从镜筒的一端进来，投射到反射镜上，又返回到同一端。俯身在那儿察看物像的观测者本身就会挡住光线的入射。

为此，牛顿用了两面镜子：主镜是一块球面镜，副镜是一块平面镜。光从一端进入望远镜筒，射到另一端的球面主镜上，经它反射的光在到达焦点之前，又射到一块小小的平面副镜上。副镜的方向与主镜交成45°角。射到副镜上的会聚光线转过90°反射出来，并进一步会聚而通过目镜，目镜就装在望远镜镜筒边上光线入射处附近。诚然，副镜会挡掉一小部分入射光，但是损失并不大。

1668年，26岁的牛顿亲手制成第一架可以真正投入使用的反射望远镜。

牛顿的反射望远镜

它长约15厘米，主镜直径约2.5厘米，看起来像个小玩具。但是，它产生的物像却可以放大40倍。1672年1月11日，他将第二架反射望远镜送达皇家学会，并一直留存至今，其主镜口径为5厘米。

反射望远镜面临的困难之一是，不容易获得高反射率的金属反射镜。例如，牛顿本人的镜子只能反射16%的入射光。这就使反射望远镜产生的物像要比同样大小的折射望远镜产生的物像暗淡。其次，金属反射镜会逐渐失去光泽，从而大大削弱反射能力，因此经常需要抛光。折射望远镜则除了偶尔需要清除积尘外，可以一直工作下去。

在折射望远镜方面，初期的消色差透镜很难指望直径超过10厘米。反射望远镜却能做得更大，因为铸造大块的金属要比制造大块优质的玻璃更容易。况且，玻璃透镜必须整个儿都完好无瑕，而金属反射镜只要镜面形状确当并具有足够高的反射率即可。

反射望远镜和消色差折射望远镜各有所长，亦各有所短。它们仿佛在展开一场真正的竞赛：双方都在努力克服自身的缺陷，哪一方取得突破性的进展，这一方就会受到更多天文学家的青睐。到了18世纪末，竞争的优势渐渐倒向了大型反射望远镜。

这时，由于威廉·赫歇尔的工作，望远镜和天文学进入了一个新时代。

赫歇尔兄妹

1738年11月15日，威廉·赫歇尔生于德国的汉诺威城，父亲是军乐队的双簧管手。他15岁就在军队中当小提琴手和吹奏双簧管，志向是当一名作曲家。但是，他兴趣广泛，又将大量时间用于研究语言和数学，后来还加上了光学，并产生了亲眼用望远镜观看各种天体的强烈愿望。

1756年，七年战争来临了。战争的起因是英国与法国争夺殖民地以及普鲁士与奥地利争夺中欧霸权。威廉厌恶战争，遂设法于1757年脱离军

英国天文学家威廉·赫歇尔（1738—1822）

队，偷渡到英国，先是在利兹，后来又到了胜地巴斯。音乐天赋帮助他在巴斯站住了脚。到1766年，威廉·赫歇尔已经成为当地著名的风琴手兼音乐教师，每周指导的学生多达35名。

威廉·赫歇尔的妹妹卡罗琳·赫歇尔比他小12岁，1750年3月16日生于汉诺威。1772年，威廉回汉诺威待了一段时间，然后卡罗琳便随他到了巴斯。她天生一副好歌喉，到巴斯后就接受歌唱训练，每天至少上课两次，同时向威廉学习英语和数学。她不仅悉心料理家务，而且用极详细的日记，留下了威廉整整50年的工作史。当威廉整天不停地磨镜，因而无暇腾出手来吃饭时，卡罗琳就亲自一点一点地喂他吃东西。

1773年，威廉35岁的时候，自制了一架9米多长的折射望远镜，并且租了一架反射望远镜来进行对比，结果对后者极为满意。从此，他就潜心于制造反射望远镜了。

1776年，威廉接连制造出口径15厘米（焦距2米）、口径23厘米（焦距3米）和口径30厘米（焦距6米）的3架反射望远镜。有了精良的武器，他便从1779年开始"巡天"观测。他特别关注近距双星，即天空中看起来靠得特别近的两颗星。两年后他编出第一份双星表，共列有269对双星，1781年由英国皇家学会出版。

赫歇尔一生制造的反射望远镜不下400架，并在天文学的许多领域取得了大量开创性的研究成果。1781年3月13日，威廉在人类历史上破天荒地发现了一颗比土星更遥远的新行星——天王星。同年12月，他成为英国皇家学会会员。国王乔治三世满心欢喜，不久便任命

威廉·赫歇尔所钟爱的口径15厘米反射望远镜。天王星就是用这架望远镜发现的

威廉·赫歇尔为御用天文学家。从此，威廉就不再靠音乐谋生而专注于天文研究了。

1782年下半年，威廉应国王邀请，移居位于伦敦西面、温莎东侧的白金汉郡达切特。4年后，他编制出第二份双星表，其中包含434对新的双星。他努力研究恒星的空间分布，成了研究银河系结构的先驱。他于1784年向皇家学会宣

威廉·赫歇尔制造的口径1.22米、焦距12.2米的大型金属镜面反射望远镜

读了论文《从一些观测来研究天体的结构》，首次提出银河系形状似盘，银河就是盘平面的标志。在广阔无垠的恒星世界中，太阳系只是微不足道的沧海一粟。早先，哥白尼将地球逐出了"宇宙的中心"；如今，赫歇尔又将太阳逐出了这一特殊地位。

1786年，他发表了《一千个新星云和星团表》。在所有这些繁重的工作中，威廉都得到了卡罗琳的全力帮助。移居达切特后，卡罗琳便完全从事天文工作了。威廉亲自教她观测，并给她一具小望远镜去搜索彗星。

接着，赫歇尔兄妹又移居到离英国王室的温莎城堡不远的白金汉郡斯劳。1789年，他在那里实现了自己多年来的梦想，造出一架口径达1.22米、焦距达12.2米的大型反射望远镜。这架当时世界上最大的天文望远镜，一时间成了备受推崇的珍奇，国王乔治三世和外国的天文学家都是前往观看的常客。

威廉将国王给他的津贴，全部用于维护望远镜以及支付工人的工资。他的经济状况依然拮据，有一段时间不得不继续制作和出售望远镜。直到1788年，他50岁时娶了一位有钱的寡妇，情况才彻底改观。

卓越的成就

对一架望远镜而言，凡是由于光线不能严格地会聚于一个焦点而造成的各种缺陷，包括色差在内，都统称为"像差"。无论是折射镜还是反射镜，它们的表面最容易磨制成球面；而即使是同一种颜色的光线，经球面折射或反射后，也不可能全都聚集到一个严格的焦点上。这种像差称为"球差"。此外，还有彗差、像散等。

早期使用折射望远镜的人意识到，为了尽量减小像差，就应该采用表面弯曲程度非常小的透镜。它们使光线产生的弯折非常小。但是，要使这些稍微弯曲的光线会聚到焦点，就必须经过很长很长的距离。

例如，在赫歇尔之前一个多世纪，领导创建法国巴黎天文台的卡西尼制造的一架长镜身折射望远镜，长度超过了40米！世界戏剧史上的重量级人物、年长卡西尼3岁的法国喜剧作家莫里哀把这件仪器称为"大得骇人的望远镜"。在荷兰，惠更斯也制造了一架长达37米的长镜身折射望远镜。他的成就鼓舞了但泽的赫维留斯，后者于1673年建成的折射望远镜长达46米。甚至到1722年，英国天文学家布拉德雷还在使用一架长达65米的折射望远镜。

如此之长的金属镜筒必将重得根本无法操纵，所以赫维留斯改用木头来固定透镜的位置。惠更斯则干脆省去了镜筒，他把物镜装入一根短金属管，然后接到一根高高的杆子上，并可以从地面上操纵。目镜装在另一根小管子里，置于一个木支架上。目镜和物镜之间有一段绳，拉紧时可使两者对准。这种长镜身望远镜使用起来很不方便，但

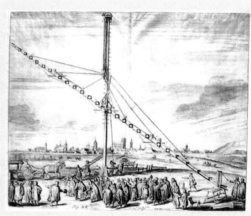

消色差透镜问世以前，天文学家曾经使用的长镜身折射望远镜

是在更好的替代品问世之前，天文学家们还得依靠它们继续奋战。

幸好，在反射望远镜中，恰当地改变副镜镜面的形状，就可以消除球差。在折射望远镜中，借助于不同玻璃制成的两块透镜的巧妙配合，既可以消除色差，还能同时消除球差。因此，自从消色差透镜的秘密公开后，长镜身的折射望远镜便寿终正寝了。

赫歇尔利用他那些反射望远镜对太阳系进行广泛的研究。1787年，他发现了天王星的2颗卫星，后来分别称为天卫三和天卫四。1789年，他将那架口径1.22米的望远镜瞄准土星，当晚就发现了土星的2颗新卫星——土卫一和土卫二。同年，他发表了《又一千个新星云和星团表》。

卡罗琳·赫歇尔在移居斯劳后，先后发现了8颗新彗星。其中1795年那颗就是著名的恩克彗星，德国天文学家恩克于1819年计算出它的轨道，证明其运行周期仅为3.4年。它是人们发现的第一颗周期如此之短的彗星，也是继哈雷彗星之后第二颗被预言回归的彗星。

1801年，威廉·赫歇尔在拿破仑战争的一个短暂间歇期访问了巴黎，见到了拿破仑本人。他发觉拿破仑有时会不懂装懂，故对其印象不佳。1816年，赫歇尔被英王授予爵位。1819年，他81岁时还在进行天文观测。1821年，他被选为英国天文学会（英国皇家天文学会的前身）的第一任主席。

1822年8月25日，84岁的威廉在斯劳与世长辞。他没有上过大学，却是历史上少数最全能的伟大天文学家之一。他证实了银河系的实际存在，查明了太阳在银河系中的运动，发现了大量的双星、星云和星团，从而使人类的视野远远地越出太阳系，进入更加辽阔的恒星世界。

威廉死后，卡罗琳在1822年回到阔别半个世纪的故乡汉诺威，以72岁高龄继续编纂一份包括她哥哥观测过的全部星云和星团的表。1835年，85岁的卡罗琳被选为英国皇家天文学会名誉会员。这是一种破格的荣誉，因为当时依然限定会员只能由男子当选。1846年，96岁的卡罗琳接受了普鲁士国王授予她的金质奖章。1848年1月，终身未嫁的卡罗琳在汉诺威逝世，享年98岁。

威廉的独生子约翰·赫歇尔1792年3月7日生于斯劳，1807年入剑桥大学圣约翰学院，学业极佳，1813年毕业。他早期的数学工作已颇有水平，21岁便当选为皇家学会会员。可即便如此，他却转而去学习法律了。1816年，24岁的约翰回到斯劳，接替78岁高龄的父亲承担大量的观测工作，并在父亲指导下制造望远镜，同时还继续研究纯数学。

为了将父亲的巡天和恒星计数工作扩展到南天，约翰于1834年年初携妻子和3个孩子前往非洲好望角，在那里工作了4年。他历时9年编纂的《好望角天文观测结果》是一部杰作，于1847年发表。1848年，约翰·赫歇尔当选皇家天文学会主席。他于1849年写成的《天文学纲要》在几十年内一直是普通天文学的标准教本。此书由李善兰和伟烈亚力（Alexander Wylie）合译成中文，书名易为《谈天》，1859年由上海墨海书馆出版。书中关于哥白尼学说、开普勒行星运动定律和牛顿万有引力定律的介绍，令当时的中国人耳目一新。1871年5月11日，79岁的约翰在英国肯特郡逝世，安葬在威斯敏斯特大教堂中离牛顿墓很近的地方。

赫歇尔一家在英国天文学史上的权威地位几乎长达一个世纪。英国皇家天文学会的会章图案，就是威廉那架巨炮似的大望远镜。1839年，这架劳苦功高的仪器终于变得摇摇晃晃、危在旦夕了。于是，人们把它拆卸、放倒。在一次暴风雨中，一棵大树倒在上面，损伤了镜筒。那面巨大的金属反射镜，最终也被砸坏了。

赫歇尔的辉煌时代虽已成为过去，更大更好的望远镜却还在不断涌现。

折射望远镜之巅

折射望远镜曾经为天文学带来了众多的新发现，这可以再次从伽利略说起。1610年，伽利略从望远镜中看到，土星两侧仿佛各有一个附属物。他想，也许它们是土星的卫星吧？然而，日复一日，这两个附属物却越缩越小，两年后，竟然完全消失不见了。更使伽利略大惑不解的是，1616年，那些奇怪的附属物又在他的望远镜中出现了。这位科学老人终其一生也没弄明白那究竟是什么东西。

1629年在海牙出生的惠更斯热衷于研磨透镜，他的望远镜远胜于伽利略的那些，这使他在1656年终于看清，那些奇怪的附属物原来是环绕土星的一圈光环。惠更斯正确地解释了土星光环形状不断变化的原因：它以不同的角度朝向我们，当我们朝它的侧边看去时，薄薄的光环便仿佛消失不见了。

美丽的土星光环

1655年3月25日，惠更斯发现了土星的第一颗卫星，它被命名为泰坦。泰坦是一个巨人神族。他们都是天神和地神的孩子，每个成员又各有自己的名字。后来，新发现的土卫越来越多了，泰坦被编号为土卫六。它是一颗巨大的卫星，每16天就绕土星转一圈。今天我们知道，其大气组成成分与地球大气相仿。

然后，卡西尼又先后发现了土星的4个卫星：土卫八（1671年）、土卫五（1672年）、土卫三（1684年）和土卫四（1684年）。1675年，卡西尼发现土星光环中有一道又细又暗的缝隙，后来称为卡西尼环缝。环缝外侧的那部分光环叫作A环，环缝里侧的部分则叫B环。

诸如此类的发现层出不穷。事实一而再、再而三地证明，对于观天而言，利器是何等重要。19世纪初，年轻的德国光学家夫琅禾费造出了当时世界上最大最好的消色差折射望远镜，其口径为24厘米。望远镜装在一根轴上，使之可以俯仰；轴又装在一个轮子上，使之可沿水平方向转动。它的平衡装置非常精妙，以至于用一个手指就可以推动这架镜身长4.3米的折射望远镜。

在1851年伦敦万国博览会上展出的月球照片

也是在19世纪上半期，一个新兴国家——美国加入了天文望远镜的竞赛。一位钟表匠威廉·克兰奇·邦德自学成材，于1847年被任命为哈佛大学天文台台长。他是天体照相技术的先驱，致力于将天体的像聚焦到照相底片上，而不是聚焦在眼睛的视网膜上。1849年12月18日，他用一架口径38厘米的折射望远镜，拍摄了月球照片。在20分钟曝光期间，望远镜靠钟表机构带动，始终对准月球。这张照片太逼真了！他的儿子乔治·菲利普斯·邦德把它带到在伦敦"水晶宫"举办的第一届万国博览会（今天又称第一届世博会）上，引起了巨大的轰动。

以肖像画为业的美国人阿尔万·克拉克渴望磨制大的透镜。他考察了邦德那架38厘米的折射镜，然后关闭画室，潜心研究怎样才能磨制出比它更好的透镜。后来，他在儿子阿尔万·格雷厄姆·克拉克帮助下开了一家工厂。1870年，克拉克父子接下美国海军天文台建造口径66厘米折射望远镜的订单。它的透镜重达45千克，镜身长13米，性能极佳。

美国金融家利克在1849年加利福尼亚黄金热期间，在不动产方面赚了不少钱。他渴望为自己树碑立传，便于1874年宣称将用70万美元——这在当时远比现在值钱得多，来建造一架堪称当时最大最好的望远镜。工作主要由小克拉克承担，14年后，这架"利克望远镜"于1888年1月正式启用，其透镜口径达91厘米，镜筒长18.3米。利克几年前就去世了，根据他的临终要求，他的遗体埋在安装望远镜的基墩里。它所在的那个天文台坐落于加利福尼亚州北部圣何塞以东21千米的汉密尔顿山上，被命名为利克天文台。

1892年，美国天文学家巴纳德使用利克望远镜发现了木星的第五颗卫星，即木卫五。它的直径只有110千米。发现这样又小又暗的天体——况且它又如此靠近木星本身占有压倒优势的光辉，必须拥有极好的透镜和极敏锐的眼睛，巴纳德很幸运地两者兼备了。木卫五是通过望远镜直接用肉眼发现的最后一个太阳系天体。此后，这类发现就要归功于望远镜上的照相设备以及空间时代更新颖的技术了。

南加利福尼亚大学想要拥有一架比利克望远镜更好的折射望远镜，遂向克拉克订购一块102厘米的透镜。但是，在克拉克为此投入2万美元之后，这所大学却无法筹齐所需的资金。幸好，天文学家乔治·埃勒里·海尔这时前来解围了。

当时，海尔才20多岁，是芝加哥大学天体物理学助理教授。他获悉金融家查尔斯·泰森·叶凯士控制了整个芝加哥的交通，用不甚正当的手段赚得了巨额钱财。为什么不想法把这种不义之财用来发展科学呢？于是，从1892年起，海尔就盯上了叶凯士这个猎物。

海尔生于1868年6月29日，从小爱读文学名著和诗。他意志坚定又善于辞令，在他的不断游说下，叶凯士不由得把钱一点一点地掏出了腰包。

海尔在芝加哥西北约130千米处选了一个地点，叶凯士天文台就建在那里。1895年，年逾花甲的小克拉克为海尔磨制好直径102厘米的透镜，它重达230千

美国天文学家巴纳德（1857—1923）在利克望远镜旁留影

美国天文学家乔治·埃勒里·海尔（1868—1938）

口径102厘米的叶凯士望远镜是世界上的折射望远镜之王

克，装在长逾18米的镜筒里。整个望远镜重达18吨，但是平衡极佳，用很小的推力就可以让它转动并瞄准天空的任何部分。1897年5月，这架"叶凯士望远镜"首次启用。小克拉克在目睹折射望远镜的这一辉煌胜利之后三个星期去世了。今天，叶凯士望远镜和利克望远镜依然在世界上保持着折射望远镜的冠军和亚军称号。

折射望远镜已经达到它的巅峰，然而它的路也走到了尽头。首先，极难得到可供制造巨型透镜的完美无瑕的光学玻璃。整个19世纪和20世纪的技术进展，并未使造出一块足以超越叶凯士折射望远镜的透镜玻璃变得更容易些。其次，因为光线必须透过整块玻璃，所以透镜只能在边缘上支承。巨型透镜分量很重，得不到支撑的透镜中央部分就会往下凹陷，整块透镜就会变形。透镜的尺寸越大，问题也就越严重。

那么，另一方面，反射望远镜的情形又如何呢？

"列维亚森"的时代

威廉·赫歇尔的金属镜面大型反射望远镜尚"健在"时，就有人决心要在这方面超过他，后者就是爱尔兰人威廉·帕森斯。

威廉·帕森斯，1800年6月17日生于英国的约克，1841年他子袭父位，成为第三代罗斯伯爵，后世天文学家普遍称他为罗斯。1845年，爱尔兰将他选进上议院。他是一位真正的贵族，在著名天文学家中，出自如此"高贵门第"的人为数极少。

罗斯的最大嗜好，就是建造世界上最大的望远镜。他有足够的金钱，有充裕的时间，有必要的技术知识，还可以训练佃户来干活。他将望远镜安置在自家的领地上，那个地方名叫比尔，几乎位于爱尔兰岛的正中央。遗憾的是，当地气候不佳，故对天文观测很不相宜。

罗斯花了5年时间，才研究出一种适合制造反射镜的铜锡合金。他从1827年开始，先造了一面直径38厘米的反射镜，接着又造了直径61厘米的，1840年又造出一面直径91厘米的反射镜。1842年，罗斯开始铸造一块直径1.84米的反射镜，它的面积是赫歇尔那架最大的望远镜的2.25倍。那年4月13日，反射镜铸成，然后缓慢地冷却了16个星期。镜面磨好后，刚要装到望远镜上却开裂了。罗斯只好重新铸造，直到第五次才大功告成。

这架望远镜的镜筒用厚木板制成，并用铁箍加固。镜筒长17米，直径2.4米。为了挡风，镜筒安置在两道高墙之间。每道墙高17米，长22米，沿南北走向，因此望远镜基本上只能沿南北方向观测，在东西方向最多只能偏转15°。这块反射镜重达3.6吨，把它装进镜筒很不容易，直到1845年2月才能测试和使用。

为了与赫歇尔一比高下，罗斯用这架望远镜观测了赫歇尔曾经研究过的各种星云。他发现M51星云看起来是旋涡状的，这使人们在1845年知道了第一个"旋涡星云"。1848年，罗斯又发现星云M1的内部贯穿着许多不规则的明

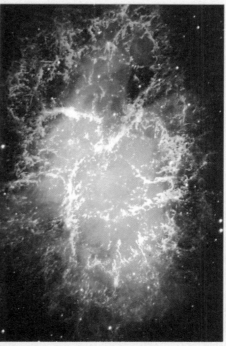

蟹状星云：（左）1848年罗斯伯爵的手绘画，（右）近年来欧洲"甚大望远镜"（见后文"新理念和新技术"节）拍摄的照片

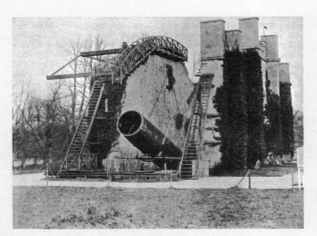

罗斯伯爵那架硕大无朋的金属反射面望远镜"列维亚森"

亮细线。罗斯觉得它很像一只螃蟹，故称其为"蟹状星云"，这个名字一直沿用至今。蟹状星云距离地球6500光年，是一团正在膨胀的巨大的气体星云，现今的尺度大小约为10光年。它是公元1054年金牛座超新星爆发的遗迹，中国宋代天文学家对那次爆发的详细记载，深受当代国际天文界的关注。日后的事实证明，罗斯的上述两项发现，对于现代天文学都具有头等重要的意义。

罗斯这架巨大的望远镜，通常以"列维亚森"（Leviathan）著称。"列维亚森"原是《圣经·旧约》中描述的一种海怪，中文版《圣经》将它译为"鳄鱼"。它鳞甲坚固，牙齿可畏，鼻孔冒烟，刀枪不入，力大无穷；它视铁为干草、铜为朽木，实为水族之王。后来，英语中就用"列维亚森"来称呼那些庞然大物，例如巨型轮船、强大的国家或极有权势的人。

英国酿酒师拉塞尔在1844年参观了罗斯的领地，考察"列维亚森"是如何制造的。拉塞尔造了一架口径122厘米的反射望远镜。他的镜子不如罗斯的那么大，但在另外两方面却后来居上。首先，拉塞尔把夫琅禾费装在折射望远镜上的那种装置用到了反射望远镜上，从而使操纵变得非常方便。其次，他意识到天文台必须建造在大气条件适宜观测的地方，于是把自己的仪器运到当时的英国属地马耳他岛。

罗斯的"列维亚森"存在了60年，它老了，变得摇摇晃晃。1908年，他的一个孙子把它卸了下来。它虽然没有做出太多的天文发现，却为它的主人增添了无穷的生活乐趣。

海尔的杰作

金属镜面很重，价格昂贵，易于腐蚀，而且随环境温度变化还会显著变形。于是人们又想到了玻璃，它的重量比较轻，价格低廉，耐腐蚀，比金属更容易研磨成形，经过抛光可以变得非常光洁。但问题在于玻璃很透明，怎样用它来制造反射镜呢？

人们发明了在玻璃上镀银的方法，20世纪初镀铝技术又取代了镀银，因为铝膜反射光线的能力比银更强。

1908年，海尔建成一架口径153厘米的反射望远镜，其镜面就是玻璃的。它安装在加利福尼亚州的威尔逊山天文台上。该台于1905年落成，海尔亲任台长。

在此之前，海尔已经说服一位洛杉矶商人J.D.胡克投资建造一架口径212厘米的大型反射望远镜。胡克急于将自己的名字与世界上最大的望远镜联系在一起，并且不希望很快就被别人超过，所以甚至主动增加了赠款，希望将望远镜的口径增大到254厘米，即恰好100英寸。

第一次世界大战延误了这项计划，但后来总算顺利。这架望远镜全重达90吨，于1917年11月启用。它操作方便，能以很高的精度跟踪观测目标。长达30年之久，这架"胡克望远镜"一直是世界上的反射望远镜之王。正是利用这架望远镜，美国天文学家埃德温·鲍威尔·哈勃于1924年有力地证实了，那些旋涡星云原来都是同银河系类似的庞大恒星系统，人类的视野从此扩展到远达数十亿光年的星系世界；还是利用这架望远镜，哈勃于1929年发现了"哈勃定律"，为宇宙正处于整体膨胀之中提供了强有力的证据。

1923年，海尔因身体欠佳退休了。随着洛杉矶的迅速发展，夜晚的城市灯光严重地威胁着威尔逊山的天文观测。已经退休的海尔又到威尔逊山东南约145千米处另觅了一处台址，它在帕洛玛山上，当时人类尚未开发这块处女地。他决定在那儿建一架口径508厘米（200英寸）的反射

帕洛玛山天文台口径508厘米（整整200英寸）的海尔望远镜

望远镜，1929年从洛克菲勒基金会获得一笔款子，他便着手干了起来。

人们为这项浩大的工程付出了史诗般的努力。508厘米的反射镜比先前使用的任何镜子更大、更厚、也更重。在这么一大块玻璃中，即使很小的温度变化也会因膨胀或收缩而影响反射镜面的精度。为此，整块玻璃的背面浇铸成了蜂窝状，这使镜子的重量比一个矮胖的实心圆柱减小了一半以上；这种结构使反射镜内的任何一点离玻璃表面都不超过5厘米，整块玻璃中的温度变化可以比较迅速地达到均衡。浇铸好的玻璃毛坯，在严格的温度控制下花了10个月时间慢慢地冷却；在冷却过程中，附近河流泛滥，镜坯死里逃生，而且它还经受了一次轻微的地震。镜坯是在美国东部纽约州著名的康宁玻璃厂生产的，它必须横越整个美国，运到加利福尼亚州的帕洛玛山；为了稳妥起见，火车昼行夜宿，时速从不超过40千米；它走的是一条专线，以减少遇上桥梁和隧道的麻烦。这块玻璃连同它的装箱，宽度显著地超出5米，经过不少地方时，允许通行的空间往往只剩下了区区几厘米。接下来是长时间的研磨和抛光，总共用掉了31吨磨料。这架"海尔望远镜"最后成型时，反射镜本身重达14.5吨，镜筒重140吨，整个望远镜的可动部分竟重达530吨！

海尔于1938年2月21日在帕萨迪纳与世长辞，未能目睹这架望远镜竣工。1948年6月3日，人们终于为这具硕大无朋的仪器举行了落成典礼。后来，人们在帕洛玛山天文台的门厅中塑了一座海尔半身像，铜牌上写着：

"这架200英寸望远镜以乔治·埃勒里·海尔命名，他的远见卓识和亲自领导使之变成了现实。"

1969年12月，威尔逊山和帕洛玛山两座天文台重新命名，统称为海尔天文台。

全新的思路

天文望远镜的口径越大，收集到的光就越多，就能探测到越远越暗的天体。同时，一架望远镜的口径越大，分辨细节的本领也就越高。这对天文观测来说，同样至关重要。因此，制造更大的望远镜就成了一代又一代天文学家的永恒追求。

不过，大也有大的难处。大型反射望远镜仅仅对它直接指向的那一小块天空，才能形成优质的星像，才能拍下极其清晰的照片。通常，望远镜的口径越大，每次能够高精度地进行观测的天空范围也就越小。例如，用威尔逊山上那架口径254厘米的胡克望远镜，每次只能观测像满月那么大小的一块天空。海尔望远镜的视场甚至比这更小。如果用大型反射望远镜拍摄星空，每次一小块一小块地拼起来，直到覆盖整个天空，那就需要拍摄几十万甚至几百万次。大望远镜的这一弱点，使它们难以胜任"巡天"观测。

那么，"巡天"究竟是什么意思呢？

天文学上最普遍的巡天，宛如对天体进行"户口普查"，它为大量天文研究工作提供最基本的素材。正如普查人口之后，就可以根据不同的特征——不同性别、不同民族、不同年龄等，对"人"进行分门别类的统计研究那样，对天体进行"户口普查"后也可以根据不同的特征——不同亮度、不同距离、不同光谱类型等，进行分门别类的统计研究。

要想在不太长的时间内完成一轮巡天，望远镜的视场就不能太小，因而其口径就不能太大。另一方面，为了看清很暗的天体，望远镜的口径又必须足够的大。这两者是有矛盾的。那么，有没有可能"鱼与熊掌兼得"，造出一种口径既大、视场也大的新型天文望远镜呢？

早在20世纪20年代，旅德俄国光学家伯恩哈德·沃尔德马尔·施密特就开始朝这个方向迈出了第一步。施密特生于1879年，早年就喜欢做实验，并为此付出了高昂的代价。他把火药塞进一根钢管，然后点燃它，爆炸效果令人满意，但是却炸掉了他的右手和右前臂。后来，他不得不用一条胳膊来研磨他的透镜和反射镜。

施密特想出一种同时使用透镜和反射镜——即同时利用折射和反射的方案。1930年，他研制成功第一架这样的"折反射望远镜"：用球面反射镜作为主镜，并在其球心处安放一块"改正透镜"。改正透镜的形状很特殊：中间最厚，边缘较薄，最薄的地方则介于中间与边缘之间。改正透镜这样设计，可以使光线经过它的折射以后

1948年落成的美国帕洛玛山天文台口径1.22米的施密特望远镜

恰好能弥补反射镜引起的球差，同时又不会产生明显的色差和其他像差。

这种"施密特望远镜"使望远镜的有效视场增大了许多，从而在巡天工作中起到了无可替代的巨大作用。例如，美国的帕洛玛山天文台以及位于澳大利亚的英澳赛丁泉天文台各有一架主镜口径1.86米、改正透镜口径1.22米的施密特望远镜，它们的巡天照相记录了约10亿个天体的位置、形状等信息。值得顺便提及的是，帕洛玛山天文台那架施密特望远镜已于1987年重新命名为塞缪尔·奥钦望远镜。这位塞缪尔·奥钦生于1914年，是一名很成功的企业家和慈善家。1981年，他与妻子共同设立了塞缪尔·奥钦家族基金会，在天文、医学、教育、艺术等领域广泛开展慈善活动。其中包括曾向帕洛玛山天文台慷慨捐赠。2003年，塞缪尔·奥钦与世长辞，享年89岁。世界上最大的施密特望远镜坐落在德国图林根州陶登堡的卡尔·施瓦西天文台，其主镜和改正透镜的口径分别为2.03米和1.34米。

施密特望远镜既然使用了透镜，也就像折射望远镜那样，不可能做得太大了。那么，能不能用一块"改正反射镜"来代替"改正透镜"呢？研制"反射式施密特望远镜"，正是20世纪90年代以来国际天文界共同关心的问题。只有做到这一点，才能使整个望远镜同时具备大的口径和大的视场。中国天文学家对此的研究，目前在国际上处于比较先进的地位。中国研制的"大天区面积多目标光纤光谱天文望远镜"（英文缩写为LAMOST，后重新命名为"郭守敬望远镜"）就是一个良好的开端。

在某种意义上，施密特望远镜是一类"特种望远镜"，其特定用途是进行巡天之类的观测。还有一类"特种望远镜"是专门用于研究太阳的，例如"太阳色球望远镜""日冕仪"等。中国研制的太

本书作者2008年10月17日在中国科学院国家天文台兴隆基地以LAMOST观测室为背景留影

阳磁场望远镜，在世界同类仪器中居于先进地位，也很受国际同行称道。

再说，在一架施密特望远镜拍摄的单张照相底片上，所包含的星像可多达几十万个。如果发现了什么特别有趣或可疑的对象，那就应该进而利用巨型反射望远镜更加精细地考察它们。所以，即使有了施密特望远镜，人们也还需要越来越大的反射望远镜。

但是，在海尔望远镜问世后，不少天文学家认为，材料、设计、工艺、结构等多方面的重重困难，似乎已经使制造更大的反射望远镜成了镜花水月。例如，制造大块光学玻璃本身就是一大难题，而且它只要有极微小——例如温度变化所致——的形变，就会使星像变得模糊，从而使望远镜的威力大减。因此，海尔望远镜在落成后的30年内，始终鹤立鸡群，没有任何新的望远镜可以与之媲美。

苏联人曾经造出一架口径6米的反射望远镜，其镜体重77吨，长25米，整个可动部分重达800吨。1976年，这架6米望远镜终于竣工，可惜其性能并不尽如人意。

然而，人类的认识能力和创造能力是无穷的，天文望远镜的前景依然光明。

新理念和新技术

要制造更大的天文望远镜，关键在于设计理念和相关技术两方面的革新。20世纪70年代以来人们开始设想，既然做大镜子如此困难，那么能不能做成许多小的，再把它们结合成一个大的呢？

20世纪70年代，美国天文学家用6块口径1.8米的反射镜互相配合，使它们的光束聚集到同一个焦点上。这时，其聚光能力便相当于一架口径4.5米的反射望远镜，分辨细节的本领则与口径6米的望远镜相当。这种设备叫作"多镜面望远镜"。

多镜面望远镜的每一块镜面本身还是彼此分开的。最好是先造许多较小的镜子，然后把它们一块一块实实在在地拼接成为一个整体。这项工作极为精细，但是依仗计算机技术的迅速发展，它终于成了现实。这就是今天很前卫的"拼接镜面"技术。

大型望远镜对准不同的方向时，其自身的姿态就在不断变化，镜子各部分承受的重力也随着改变，反射镜面的形状也随受力状态的改变而发生微小的变化，其最终结果是降低了成像质量。有鉴于此，人们起初总是把玻璃镜坯做得厚厚的，企图依靠玻璃自身的刚度，来抵御可能造成的形变。

其实，巨大的镜面不可能绝对不变形。于是人们想到，反射镜不必造得那么笨重，而是可以在较薄的反射镜背面装上一系列传感器，凭借电子计算机随时测出镜面实际形状与理想状态的偏差；据此，计算机又立即发出指令，让镜面背后不同部位的促动器分别施加相应的推力或拉力，随即将畸变的镜面形状纠正过来。这就是著名的"主动光学"技术。由此，反射镜就不必造得那么厚、那么笨重了，整个望远镜的造价也随之大大降低。

还有一项新技术称为"自适应光学"，其目的是尽可能消除大气扰动的影响，改善星像的分辨率。自适应光学的原理是：对使用超薄镜面的大型望远镜，由计算机实时检测因受大气扰动而发生畸变的光波波阵面，并与理想波阵面进行对比，确定两者之间的差异，并进行实时校正。

20世纪80年代后期以来，人们开始利用这些新技术来建造更大的光学望远镜。例如，美国于1993年建成一架口径10米的"凯克望远镜"，其主镜由36块直径1.8米的正六角形反射镜拼接而成。5大块这样的拼接镜面几乎就可以盖满一个篮球场，而镜子的厚度却只有区区10厘米。1996年，又建成了一模一样的第二架。它们分别称为"凯克I"和"凯克II"，是当今世界已投入工作的口

屹立在夏威夷岛海拔4200米的莫纳克亚山巅的"凯克I"和"凯克II"

径最大的光学望远镜，它们有如一对双胞胎，屹立在夏威夷岛海拔4200米的莫纳克亚山顶上。

一些欧洲国家联营的欧洲南方天文台，于2000年建成由4架相同的反射望远镜组成的"甚大望远镜"（简称VLT)，其中每一架的主镜都是整块的薄镜面，口径都是8.2米，镜筒各重100吨。每一架望远镜可以分头独立使用，但是也可以将4架望远镜联合起来使用，这时的聚光能力就相当于一架口径16米的巨型反射望远镜了。

欧洲南方天文台拟建的"欧洲超大望远镜"形象图

目前世界上已有一批8～10米级的望远镜，它们为进一步制造口径30～50米的望远镜积累了经验。例如，以美国和加拿大为主、多国天文学家合作研制的"三十米望远镜"，总投资约6亿美元。其主镜口径为30米，由492块1.4米的子镜拼接而成。欧洲南方天文台正在预研的"欧洲超大望远镜"口径达42米，镜面由906块直径1.45米的六边形子镜构成。此镜造价预算为12亿美元，最乐观的估计是在2017年正式"开光"。

从"上天"到"登月"

地球大气始终是天文观测的大敌。大气对光的吸收、折射、散射和抖动，严重地影响了天文观测的效果。倘若将天文望远镜置于地球大气层外，情况就会大为改观。

1990年4月，美国把口径2.4米的"哈勃空间望远镜"送上离地面约600千米的太空轨道。研制这架口径2.4米的反射望远镜，耗资约达20亿美元。它一直工作得非常出色，其极为丰富的观测资料对天文学的发展产生了巨大影响。

现正在研制中的詹姆斯·韦伯望远镜比哈勃望远镜更先进且廉价，其主镜口径约6米，将于近年内发射上天，主要在红外波段工作，因此有些天文学家认为它基本上属于红外空间望远镜。

空间望远镜的优点毋庸置疑，但它也有自身的弱点。它造价高昂，许多技术问题也有待进一步解决。例如，地面上的天文望远镜有坚实的大地作为依托，从而保证了望远镜的稳定性，可以始终如一地指向所观测的天体。空间望远镜则不然，它在本质上是一颗环绕地球运行的人造卫星。它在太空中失去大地的依托，必须靠陀螺仪之类的设备来维持姿态的稳定，为此在技术和金钱上付出的代价都非常可观。

要是空间望远镜也有一个像地球那样坚实的依靠，那么它就不再需要复杂的姿态控制系统，也不需要安装陀螺仪了。而且，一旦发生故障还可以就地维修。那么，能不能为未来的天文望远镜找到一个比地球表面和空间轨道都更好的观测基地呢？

20世纪80年代中期以来，科学家们为此召开了多次专题讨论会，并得出结论：在月球上建造天文台乃是非常令人向往的事情。

以月球为基地的天文台称为"月基天文台"，安装在那里的望远镜则称为"月基望远镜"。它们有许多优点，例如：

月球表面没有大气，那里处于超真空状态。在地球上进行天文观测时地球大气层造成的一切干扰，对于月基望远镜已然不复存在。

月球亦如地球一般，对天文望远镜而言乃是一个巨大、稳定、而且极其坚固的"平台"，因而可以用类似于地球上的方式来解决月基望远镜的安装、指向和跟踪等问题。它面临的技术问题要比处于失重状态下的空间望远镜简单得多，造价亦较为低廉。

月球表面的重力仅为地球表面重力的1/6，在地球上非常笨重的东西到了月球上

一架月基望远镜的艺术构想图

162

欧洲天文学家构想的巨型光学望远镜"猫头鹰"（OWL），口径100米

就会显得"轻巧"得多。所以，在月球上建造任何巨型设备——包括巨型望远镜本体及其观测室，都将比在地球上建造更加方便，也更加便宜。而且，月球上绝对无风，这对建造巨型设备也更加有利。

月球上没有像地壳那样的板块运动，月球的内核也已经凝结成固态。因此，月球上"月震"活动的强度仅约为地球上地震活动的亿分之一。那里对于天文观测十分安全，尤其适宜建立基线长达几十千米甚至几百千米的光学、红外和射电干涉系统。

地球每24小时自转一周，造成了天体东升西落的周日运动，所以通常很难长时间地跟踪观测同一个天体。月球大约每27天才自转一周，月球上每个白昼或黑夜差不多都有地球上的两个星期那么长，因而在那里持续跟踪观测一个目标可以长达300多个小时。而且，月球上没有大气，太阳光不会遭到散射，所以纵然烈日当空，照样还是繁星满天，依然可以用光学望远镜观测天体。

当然，月基望远镜的优越性还远远不止于此。如今，要把大型望远镜送上月球，在技术上并没有不可逾越的障碍。在未来的岁月中，随着月球资源开发利用水平的不断提高，月基实验室和月基工厂将会越来越多。迟早会有一天，人们将能在月球上就地取材，利用月球本身的资源来兴建月基望远镜和月基天文台。

21世纪伊始，欧洲天文学家们就曾构想如何建造口径大到100米的光学天文望远镜。这架设想中的望远镜，英文名字叫作Overwhelmingly Large Telescope——意为"莫大（的）望远镜"，其缩略词为OWL，而英语词owl的原意为"猫头鹰"。将来，人类如果能在月球上就地取材，造出一大群"月基猫头鹰"来，那么它们为揭示宇宙奥秘做出的贡献，必将比自从伽利略时代以来人类已兴建的所有望远镜的业绩更加宏伟，更加辉煌！

卡尔·央斯基在工作中

太空电波

——射电天文学的崛起

人类的天文观测经历了三次革命性的变革。第一次变革是从肉眼观星进入到利用天文望远镜观测天体，它以17世纪初意大利科学家伽利略发明光学天文望远镜为标志；第二次变革是从人类只能观测天体的可见光进入到接收天体的无线电波，它以20世纪30年代射电望远镜的诞生为标志。第三次变革是从人类局限于在地面上观测天体到进入太空开展天文观测，它始于20世纪中叶空间时代的到来，以各种空间望远镜和空间天文台为主要标志。英语中的radio一词，通常汉译为"无线电"，但在天文学中常称为"射电"。radio astronomy就是射电天文学，radio telescope即为射电望远镜。

从可见光到无线电波

肉眼观天，只能看到来自天体的可见光。光学天文望远镜可以使我们看到更暗的天体，但它依然只能接收可见光。可见光是一种电磁辐射。在天文学中，通常按波长由短至长（相应地，频率由高而低）将电磁辐射区分为γ射线、X射线、紫外线、可见光、红外线以及射电波共6大波段。

接收天体发来的电磁辐射，是人类获得天体信息的主要渠道。然而，地球大气会吸收、反射和散射来自天体的电磁辐射，致使大部分波段的天体辐射无

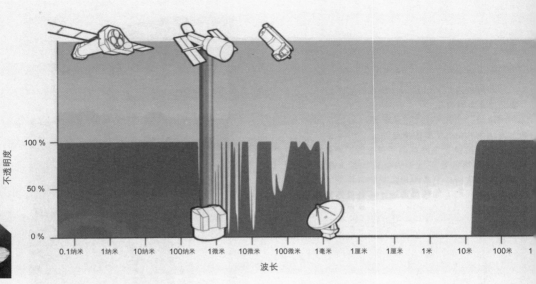

不透明度

100 %

50 %

0 %

0.1纳米　1纳米　10纳米　100纳米　1微米　10微米　100微米　1毫米　1厘米　1厘米　1米　10米　100米　1

波长

电磁波谱和大气窗口

法到达地面。人们常把能够穿透大气层而抵达地面的波段范围形象地称为"大气窗口"。这种"窗口"主要有三个：①光学窗口，即近紫外和可见光波段，波长范围约0.3微米至0.7微米。②红外窗口，实际上由0.7微米至1毫米波长范围内互相隔开的许多"小窗口"构成。③射电窗口。射电波段通常指1毫米到30米的波长范围，其中波长短于1米的常称为"微波区"。地球大气在射电波段有少量吸收带，但对波长长于13.5毫米的射电辐射则渐趋透明，在40毫米到30米的宽阔波段中则几乎完全透明。

　　射电天文学诞生以前的一切天文成就，都应归功于可见光天文学——即"光学天文学"。古人探索行星运动，近代建立太阳系图景，考察银河系结构，现代打开星系世界的大门，乃至奠定观测宇宙学的基础，都是光学天文学的功绩，或者是光学天文学开辟了前进道路，再由其他波段后续支持所取得的成果。

　　然而，光学波段毕竟只占整个电磁波谱的极小一部分。仅由光学观测来推断天体的性质和演化规律，必然会带有片面性。20世纪30年代射电天文学的诞生，使人类逐渐摆脱了上述窘境。而意味深长的是，射电天文学的开山鼻祖却是一位原本不懂天文，也并不热爱天文的年轻人——美国无线电工程师卡尔·央斯基。

1905年10月22日，央斯基出生于美国俄克拉荷马州的诺曼。他父亲是定居美国的捷克后裔，是威斯康星大学的教授。卡尔在该校取得物理学学士学位，毕业后留校任教一年。1928年他到著名的贝尔实验室工作。当时，无线电话刚开始运营，从伦敦打电话到纽约3分钟时间要收费75美元，而且通话还不时遭到电磁干扰。央斯基被派去研究短波无线电通信中的天电干扰（来自天空的无线电波干扰）问题。后来知道，这些干扰来自大气中的雷电、太阳耀斑爆发导致的地球电离层扰动，以及来自宇宙中各种天体的无线电辐射。

1931年12月，央斯基研制了一台由天线阵和接收机组成的设备，天线阵长30.5米，高3.66米，下面安装了4个轮子，能在圆形的水平轨道上每20分钟旋转一周，故被昵称为"旋转木马"。他以14.6米的工作波长进行探测，起初发现了两种天电干扰信号，一种由附近的雷暴引起，另一种由远处的雷暴经电离层反射而来。1932年1月，他又发现一种相当微弱而稳定的信号，一时来源不明。这个噪声源的方向随

央斯基用来探测天电干扰的"旋转木马"

时都在变化，近乎24小时绕行一周天。1932年，央斯基在《无线电工程师研究会报》上公布了这一发现，认为这种天电噪声很可能来自太阳。此后他继续跟踪监测，发现这个噪声源越来越远离太阳，但是却对应于星空背景的某个固定区域，最后确定为银河系中心方向。1932年12月，贝尔实验室向新闻界通报这一发现时，《纽约时报》在头版做了报道。

央斯基本人并未继续拓展这门学科，他更感兴趣的是工程部分。在头几年内，天文学家们并未更深入地探索央斯基的发现。只有美国天文学家弗雷德·劳伦斯·惠普尔发表一篇文章讨论他的观测结果。还有一位天文爱好者格罗特·雷伯单枪匹马地做了不少实际工作。

1950年，45岁的央斯基因心脏病卒于新泽西州的雷德班克。为了纪念他，后人把天体射电流量密度的单位称为"央"。不过，央斯基的"旋转木马"还有明显的缺点，还不能称为真正的射电天文望远镜。

第一架射电望远镜

雷伯1911年12月22日生于伊利诺伊州惠顿，15岁时已热衷于无线电收发报活动。他在大学时代曾尝试向月球发射无线电波，并试图接收从月球反射回来的回波。他失败了，直到第二次世界大战后，美国通信兵才借助更大的投资做到了这一点。

央斯基发现来自银河系中心的射电辐射时，雷伯刚从伊利诺伊州理工学院毕业不久，正在芝加哥的一家公司工作。他对央斯基的发现产生了极大的兴趣，便立即向贝尔实验室提出希望与央斯基一起研究天体的射电辐射，但未能如愿。

雷伯决定利用业余时间研制一台比"旋转木马"更好的射电望远镜，一切费用自理。1937年，他在一位铁匠的帮助下，终于在自家的后院建成一座口径9.45米的抛物面天线。天线的底盘是木制的，表面覆盖镀锌的铁皮。这架望远镜的工作波长为1.87米，后来又改到更短的波长。在几年时间里，雷伯是世界上独一无二的射电天文学家。直到第二次世界大战结束，他的仪器仍是世界上唯一的一台射电天文望远镜。

1938年，雷伯开始有目的地接收来自宇宙的射电波，确认了央斯基的发现。1940年，《天体物理学报》刊出他报道探测结果的论文。这是天文学术刊物上发表的第一篇射电天文学文章。1941年雷伯用这台望远镜进行第一次射电天文巡天

美国格林班克国家射电天文台陈列的
雷伯射电望远镜复制品

观测，在人马座、天鹅座和仙后座中各发现一个很强的射电源，并绘制了人类历史上第一幅银河系射电天图。

1947年，雷伯把他的射电望远镜给了国家标准局。以后，他把观测地点移到夏威夷，然后又转移到澳大利亚。如果说央斯基使射电天文学得以诞生的话，那么这门学科的幼年却是靠雷伯独自哺育的。后来，洛弗尔、赖尔等人又使它长大成熟。

2002年，雷伯与世长辞。如今，央斯基的"旋转木马"和雷伯的射电望远镜都已作为文物，陈列在美国格林班克国家射电天文台。

射电天文学的成长

与光学望远镜类似，射电望远镜的分辨率与望远镜的口径成正比，而与所接收的射电波的波长成反比。射电波的波长是可见光的$10^4 \sim 10^7$倍，这就使经典式射电望远镜的分辨率要比光学望远镜低得多。通常，分辨率以分辨角的倒数来表示，分辨角越大则分辨率越低。雷伯那架射电望远镜的分辨角约为14°，当望远镜指向天空接收射电信号时，倘若那里有彼此相距小于14°的两个射电源，就分不清信号来自哪一个了。低分辨率曾经严重限制了射电望远镜的应用。

尽管如此，射电天文学发展初期还是取得了一些很重要的成果。其中之一就是发现了太阳射电。1942年，英国空军所有波长为4～6米的雷达都受到很强烈的干扰，起初英国人以为这是纳粹德国发射的干扰电波。后来，詹姆斯·斯坦利·海伊领导的研究团队查明，这种干扰其实来自太阳。太阳上不时地发生着射电辐射突然增强的过程，称为"太阳射电爆发"。它们与日面上的黑子、耀斑等太阳活动现象密切相关。同时，人们还探测到太阳的稳定射电辐射，称为太阳射电宁静成分。后来，人们又发现一种缓慢变化的成分，称为太阳射电缓变成分。1946年，加拿大的天文学家发现太阳射电也像黑子活动那样，具有11年的变化周期。就这样，新兴的太阳射电天文学诞生了。

另一项重大成果是发现了银河系内中性氢原子的波长21厘米的射电辐射。早在1938年，荷兰天文学家扬·亨特里克·奥尔特已从光学观测资料推断银河系存在旋涡结构。可是，银道面附近密布的尘埃云严重地阻碍了光波的传播。无线电波能够穿透尘埃，从而可望为探明银河系的结构提供一条新途径。于

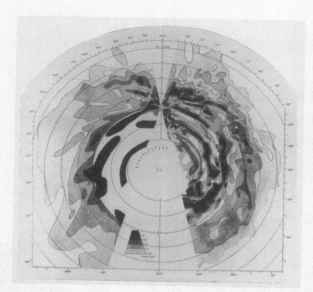

根据中性氢分布推断的银河系结构图，中央是银河系中心。左侧由澳大利亚天文学家完成，右侧由荷兰天文学家完成，两者的结合部体现出很合理的一致性

是，奥尔特建议他的研究生范德胡斯特从理论上寻找可供观测的射电谱线。后者发现广泛分布在银河系空间的中性氢原子应该发出波长为21厘米的射电辐射。这是射电天文学发展史上第一个重大的理论突破。

1951年，美国、荷兰和澳大利亚的天文学家先后观测到来自银河系的21厘米谱线信号，并由此催生了射电天文学中一个极重要的分支——射电频谱学。

探测21厘米射电谱线对于研究银河系的结构意义重大。奥尔特组织人员观测21厘米射电谱线，并同澳大利亚的射电天文学家协作，探明了中性氢在银河系里的分布。他们于1958年联合绘就银河系内中性氢的分布图，清晰地展示了银河系的旋涡结构，创造了在光学波段无法完成的光辉业绩。

技术的迅速进步

20世纪四五十年代，射电望远镜技术取得了长足的进步。第二次世界大战结束后，战时为军队服务的许多雷达工程师将雷达改装成射电望远镜，转而从事射电天文研究。其中，英国人马丁·赖尔的成就尤为卓著。

20世纪40年代中期，赖尔为克服单天线射电望远镜分辨率太低的缺陷，首创了双天线射电干涉仪。这种射电望远镜用相隔一定距离——称为"基线"——的两面天线同时

英国射电天文学家马丁·赖尔

观测同一个射电源，把接收到的两组射电波输入处理器，使它们发生干涉。由此获得的分辨率等效于一架口径相当于上述基线长度的单天线射电望远镜，使得射电观测的分辨率大为提高。1955年，赖尔建成一台四天线干涉仪，进行广泛的射电巡天探测。1959年，他刊发了著名的《剑桥第三射电星表》，简称3C星表。许多非常著名的射电源，至今仍以在3C星表中的编号命名，例如最先发现的类星体3C48和3C273等。

双天线射电干涉仪示意图。A、B是两面天线，基线长度为D，射电辐射入射角为θ

在干涉仪原理的基础上，赖尔还提出了"综合孔径射电望远镜"的崭新概念，从理论上解决了射电观测如何成像的难题。1954年他设计了一个实验方案，观测验证了综合孔径原理的正确性。1960年，他又利用三面直径18米的抛物面天线，组成等效直径为1.6千米、观测波长为1.7米的综合孔径射电望远镜，得到了分辨角为4.5′的射电图像。这为以后研制大型综合孔径射电望远镜奠定了坚实的基础。

与此同时，为了观测更弱的射电源，天文学家还必须建造更大的射电望远镜。英国天文学家阿尔弗雷德·查尔斯·伯纳德·洛弗尔于1950年提议建造的口径76米大型射电望远镜，最终于1957年在曼彻斯特市以南的焦德雷尔班克落成。这台全动式可跟踪射电望远镜高达89米，总重量达3200吨。直到1971年，它一直处于世界领先地位。1987年，在庆祝落成30周年之际，该镜被重新命名为洛弗尔射电望远镜。

澳大利亚于1958年开始建造口径64米的大型射电望远镜，历时两年半顺利完成，坐落在帕克斯镇附近。它与上述的英国76米射电望远镜互相配合，观测范围可

英国焦德雷尔班克口径76米的洛弗尔射电望远镜

以覆盖整个天空。

总之，在20世纪四五十年代，射电频谱学诞生了，各种波长的射电干涉仪相继问世，大型单天线射电望远镜也开始成为现实。异军突起的射电天文学，到20世纪50年代末已经呈现出一派欣欣向荣的景象。更丰硕的成果，例如20世纪60年代的射电天文学"四大发现"——类星体、星际有机分子、宇宙微波背景辐射以及脉冲星，仿佛已经呼之欲出。

单天线射电望远镜

射电望远镜的历史不过几十年，却经历了从小口径到大口径、从单天线到多天线、从米波段到亚毫米波段、从地面到太空的发展过程，步入了鼎盛时期。时至今日，尽管射电望远镜的种类五花八门，但基本结构都是由天线、接收机、数据采集系统、支撑结构和驱动系统组成。射电望远镜的品质主要取决于灵敏度和分辨率，天线口径越大，灵敏度就越高，分辨率也越高。

世界上现有两架口径百米级的全动式可跟踪射电望远镜，一架在德国，一架在美国。

1968年，德国开始建造一架口径100米的全动式可跟踪射电望远镜，而且尽量把观测波段扩展至毫米波。这架望远镜坐落在德国波恩市西南的埃费尔斯贝格。1972年8月此镜启用，成为当时世上口径最大的可跟踪射电望远镜。它那口径100米的大天线由2372块长3米、宽1.2米的金属板排列成17个同心圆环构成，总重量达3200吨。每块金属板下面都安装可调节的特殊支撑结构，根据精确测出的天线表面形变数据，可以通过机械装置调整面板，使整个天线表面保持应有的抛物面形状。这是射电望远镜历史上首次采用"主动反射面"技术。埃费尔斯贝格射电望远镜的观测波段从90厘米到3毫米。它的巡天观测发现了很多相当弱的射电源，并率先在毫米波段观测到脉冲星的辐射。对射电星系、星系核、分子谱线源等也都有上佳的观测结果。

1972年，美国格林班克国家射电天文台建成一架口径91.5米的全动式射电望远镜，观测成果也很丰硕。1988年11月它突然倒塌，美国天文学家遂筹划重建一台世上最好的可跟踪射电望远镜。此时德国的埃费尔斯贝格100米射电望远镜已有近20年的历史，美国科学家决定也造一架口径百米级的射电望远镜，但在天线"表面保全"技术、观测波段和天线效率等方面都要超越德国。这架望远镜的天线截面并不是一个直径100米的正圆，而是一个方向稍长些，为110米，故常称为格林班克口径100米×110米射电望远镜。但为方便起见，人们也经常更简单地称它为格林班克口径100米射电望远镜。此镜的天线由2004块金属板拼成，采用自动化程度很高的主动反射面系统，可保持表面的形状与理想形状相差不超过0.22毫米。望远镜的观测波段从3米到2.6毫米。整个射电望远镜放置在直径64米的轨道上，可沿水平方向运转。仰角高低由一个巨型齿轮来调节，仰角

美国格林班克国家射电天文台的口径100米×110米射电望远镜(GBT)

5°以上的天空都可以观测到。这架望远镜于2000年建成，世称格林班克望远镜（简称GBT），又译绿岸望远镜。

20世纪60年代初，美国建成了口径305米的阿雷西博射电望远镜。它隶属康奈尔大学，迄今仍是世上口径最大的固定式射电望远镜，也是灵敏度最高的单天线望远镜。它的天线以一个喀斯特地貌的碗形大坑作为底座，由固定在岩层上的钢索网支撑。望远镜是固定的，不能跟踪观测。天线是球面的，来自某个方向的射电波从被照射到的那部分球面反

口径305米的阿雷西博射电望远镜

射到一条焦线上。不同的方向有不同的焦线，因此可以观测不同方向上的射电源。望远镜有一个庞大复杂但运转灵活的"馈源平台"，悬挂在球形反射面天线上空137米处。平台重约900吨，由18根钢索拉住，钢索则拴在3座高约100米的铁塔上。为加固这些铁塔，就用了8321立方米的混凝土。

一架完整的射电望远镜，除天线外的主要部分统称为接收机系统，包括馈源、放大器、变频器和数据采集器。馈源放置在天线的焦点上，同光学望远镜中的副镜有点类似，作用是把天线收集到的入射射电波通过传输线（更学术化的名称叫作"馈线"）送到放大器，再经过变频、检波，最后由计算机采集和记录观测数据。

阿雷西博射电望远镜取得了骄人的成果。例如，1974年美国天文学家约瑟夫·泰勒和拉塞尔·赫尔斯用它发现了第一个射电脉冲双星系统，并因此荣获1993年度的诺贝尔物理学奖。

有30个足球场那么大

然而，阿雷西博射电望远镜创造的世界纪录眼看就要被打破了！

固定式单天线射电望远镜的下一位世界冠军将属于中国，它就是坐落在贵州省平塘县克度镇大窝凼洼地的"500米口径球面射电望远镜"，简称FAST。它的接收天线面积有30个足球场那么大！

1993年，包括中国在内的10个国家联合倡议，建造接收面积巨达1平方千米的射电"大望远镜"，简称SKA。中国天文学家还提出一个很诱人的建造方案：贵州山区群峰之间有许许多多喀斯特洼地，就像一个个巨大的开口铁锅，这是建设特大型固定射电望远镜天线的极佳地点。利用这些洼地，建造30来个类似阿雷西博那样的大型射电望远镜，组成一个分布在方圆数百千米范围内的射电望远镜阵列。这个阵列的接收面积可以达到1平方千米，且具有从1′到0.1″的多级分辨率，由此将从根本上改善对延展射电源的成像能力。

实现SKA的方案可以各异，但地点的选择必须满足：无线电环境绝对要好，也就是说，对避免无线电干扰的要求极高。1997年7月，中国科学家为进一步推进SKA的概念，又提出独立研制一台世界最大口径的球面单天线射电望远镜的计划，即FAST。这样一个大工程必须在关键的技术难点上有实实在在的突破，它的"预研"成了中国科学院重点支持的创新项目。

在贵州省平塘县，峰距在500米以上的"大锅"就有15个。FAST选择在大窝凼安家，首要原因就是那里的无线电环境十分宁静，附近5千米之内没有镇政府驻地；25千米半径之内只有一个县城政府所在地。在这口"大锅"中建造FAST，可以大大减少土方工程，节省经费开支，降低技术难度。

FAST的计划和设计方案，得到国内外同行的一致好评。FAST工程的主要建设目标是：在喀斯特洼地内铺设口径500米的球冠形主动反射镜，通过主动控制在观测方向形成300米口径的瞬时抛物面；采用光机电一体化的索支撑轻型馈源平台，加上馈源舱内的二次调整装置，在馈源与反射面之间无刚性连接的情况下，实现高精度的指向跟踪；在馈源舱内配置多波段、多波束馈源和接收机系统的其他部件，其覆盖频率70兆赫（波长4.3米）至3吉赫（波长10厘米；1吉赫=10^9赫）；针对FAST的科学目标，发展不同用途的终端设备；建造一流的天文观测站。历经了十余年的预研究，FAST的各项关键技术均已取得突破。它的综合性能将比阿雷西博射电望远镜提高约10倍。在未来二三十年中，它将保持世界一流设备的地位。

FAST工程于2008年12月举行奠基典礼，2011年3月正式开工建设。为保障工程的顺利实施，专门成立了现场工程项目管理部。在方方面面的共同努力下，FAST工程正在又快又好地顺利推进。它在未来几年内建成

2013年合拢后的FAST工程圈梁

后，除了可以单独开展大量天文研究课题外，还可以作为最大的台站加入国际甚长基线网。在深空探测、脉冲星自主导航、非相干散射雷达接收系统和空间天气预报等应用领域，FAST也都将大显身手。

毫米波和亚毫米波

毫米波的波长范围为1至10毫米，亚毫米波的波长范围为0.35至1毫米。绝大部分星际分子谱线都处在这些波段，从而促进了毫米波和亚毫米波射电望远

镜的诞生和发展。

地球大气层没有为毫米−亚毫米波段充分敞开窗口。氧和水汽会吸收某些波长的辐射，而只让另一些波长的辐射通过，或者说只是开了一些"小窗口"。地球大气对流层水汽含量越多，这些小窗口的透明度就越差。因此，毫米波天文台都设在海拔2000米以上，亚毫米波天文台则应建立在海拔4000米以上。

早期的毫米波射电望远镜口径都很小。一批口径13.7米的毫米波射电望远镜已算是中等大小。它们至今仍在中国、美国、韩国、西班牙、巴西等国服役。当今最大的是日本野边山的口径45米毫米波射电望远镜，工作波长为1毫米至1厘米。其主反射面由600块面板拼成，采用主动反射面系统，整个天线表面与理想抛物面的偏差仅约90微米。

坐落在夏威夷岛莫纳克亚山上的詹姆斯·克拉克·麦克斯韦望远镜（JCMT）

亚毫米波射电望远镜的建造更困难，因此天线口径都比较小。世上口径最大的亚毫米波射电望远镜于1983年开始建造，1987年竣工，天线口径为15米，坐落在美国夏威夷岛的莫纳克亚山上。它冠以英国著名物理学家詹姆斯·克拉克·麦克斯韦的姓名，简称JCMT。其抛物面天线由276块金属面板组成，面板表面精度优于50微米。为保持和控制天线周围的环境温度，望远镜置于一个天文圆屋中，屋顶和门均可随时打开。

20世纪70年代，国际上毫米波射电天文学开始快速发展。1978年，中国科学院紫金山天文台开始筹建位于青海省第三大城市德令哈的毫米波观测站，并着手研制口径13.7米的毫米波射电望远镜。1990年基本建成后，配备了一台1.3

厘米波段的接收机；1996年，又研制完成3毫米波段的致冷接收机，正式开始毫米波的观测。这台望远镜的所在地海拔3200米，周围的高山阻挡住太平洋和印度洋的暖湿气流，形成一个干燥地带，很适合毫米波段的天文观测。

这台毫米波射电望远镜的最短观测波长为3毫米，相应的天线面板精度必须优于0.15毫米。望远镜的分辨率达到70″，这要求指向精度优于10″。这台望远镜安装在一个对毫米波辐射高度透明的天线罩内，作用是防止风沙的侵袭和阳光的直接照射，特别是保持观测室内温度适宜。这个天线罩对可见光并不透明，其外观是一个白色的圆球。

1999年，中国科学院紫金山天文台的天文学家研制成功用于3毫米波长的超导接收机，安装在口径13.7米的毫米波射电望远镜上投入观测，

中国科学院紫金山天文台位于青海省德令哈市的口径13.7米的毫米波射电望远镜

望远镜的灵敏度由此提高了10倍以上。这台望远镜承担的观测项目中，最花时间的是巡天。加快巡天的速度，成了能否更快地取得观测成果的关键。2002年9月，紫金山天文台的天文学家研制的多谱线接收系统实验成功，可以同时观测三条谱线，在毫米波接收机终端显示屏上，红、黄、蓝三条谱线同时出现。2003年又完成一项技术改造，实现了同时观测多个射电源，使射电望远镜的观测能力提高了9倍。

亚毫米波射电望远镜是当今国际上的热点。但技术难度很大，所需经费可观。紫金山天文台于1996年提出研制移动式亚毫米波射电望远镜，并于2001年完成。采用移动式的一个原因，是尚未找到适合于亚毫米波观测的台址。现在，中国天文学家正在青藏高原努力寻找优秀的射电天文观测台址。

这台移动式亚毫米波射电望远镜的天线口径仅30厘米，表面精度达到7微米，指向精度优于1′，观测频段500吉赫（波长0.6毫米附近），采用超导接收机前端。它成功地接收到了波长为0.65毫米的一氧化碳星际分子谱线。这台射电望远镜的接收机系统，就技术角度而言是相当先进的，它的天线虽小，却为发展中国的大型亚毫米波射电望远镜做了必不可少的技术准备。

"化整为零"与"聚零为整"

单天线的射电望远镜越做越大，其分辨率还是远远赶不上光学望远镜，而且成像能力也很差。双天线的射电干涉仪大大提高了分辨率，但仍不能像光学望远镜那样给出天体的视觉图像。英国天文学家马丁·赖尔发明综合孔径射电望远镜，逐步实现了射电天文观测在分辨率和成像能力两方面都赶上和超越光学天文望远镜的目标。

"综合孔径"这一概念，可以概括为"化整为零，聚零为整"八个大字。一面大型天线可以分解为许许多多小单元。用大天线进行天文观测的结果，实际上是由这些小单元组成的众多双天线干涉仪的观测之总和。赖尔发现，其实只要用拆分大天线所得的一部分有代表性的小单元进行观测，就能获得等同于用整个大天线本身进行观测所得的射电辐射强度分布信息；对于稳定的射电源，这些观测可以非同时进行。这就是"化整为零"的含义。对观测资料的分析处理，则是"聚零为整"的过程。

最简单的综合孔径射电望远镜可以用两面天线组成。一面固定，以它为中心画一个圆，等效于一个"大天线"；另一面天线可以移动，逐次放到"等效大天线"的各个位置上，每放一处都进行一次射电干涉测量。获得"等效大天线"上各种间距和所有方向上的干涉测量信号后，再对测量资料进行某种数学变换，即可获得被观测天区的射电天图。当然，这种观测也可以由一组天线来实现，其中有几面天线移动，另外几面固定，甚至全部天线都固定。

1963年，英国剑桥大学建成基线长度为1.6千米的综合孔径射电望远镜，得到4.5′的分辨率。1971年，剑桥大学又建成等效直径5千米的综合孔径射电望远镜。在5千米长的东西方向基线上，排列着8面13米口径的抛物面天线，其中4面固定，4面可沿铁轨移动。观测资料经计算机处理后，便得到一幅所观测天区的射电源分布图，宛如为该天区拍了一幅照片。剑桥大学5千米综合孔径射电望远镜容许工作到2厘米波长，所得角分辨率在1″上下，可与高山上的大型光学望远镜媲美。此镜观测硕果累累，天鹅座射电源A的图像就是它的经典之作：在遥遥相对的两个延展射电源之间，有一个致密的点源——星系核，后者正在连续不断地向两边的巨大延展射电源提供着能量。

发明综合孔径射电望远镜是天文技术的重要里程碑，赖尔为此而荣获1974

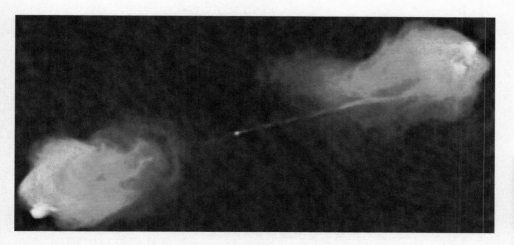

天鹅座A（又名3C405）是位于天鹅座中的一个强射电源。它是一个非常巨大的星系，距离地球6亿光年，质量估计约为太阳质量的100万亿倍，延伸的尺度约为45万光年。其中心部位有两个核，彼此相距5500光年，它们也许是两个星系互相合并之后的遗留痕迹。此图是美国"甚大阵"（详见下节）的观测结果，分辨率已远远优于当初剑桥5千米综合孔径射电望远镜获得的图像

年的诺贝尔物理学奖。

综合孔径百花齐放

赖尔的成功在国际上引发了"综合孔径"百花齐放的局面。就波段而言，有以米波、分米波、厘米波为主的，还有以毫米波、甚至亚毫米波为主的综合孔径射电望远镜。

美国的甚大阵（简称VLA）是迄今最先进的综合孔径射电望远镜。它从1961年开始筹划，经过20年的努力，终于屹立在新墨西哥州的一个荒原上。此望远镜由27面直径25米的可移动抛物面天线组成，安置在呈Y形的3条臂上，每条臂上各有9面天线，可沿铁轨移动，蔚为壮观。其中2条臂长21千米，另一条长20千米。甚大阵天线的总接收面积达53 000平方米，相当于一架口径130米的单天线射电望远镜；其最长基线是36千米。在最短工作波长0.7厘米处，最高分辨率达到0.05″，已大大优于地面大型光学望远镜！它在灵敏度、分辨率、成像速度和频率覆盖4个方面，全面超越了英国剑桥的5千米综合孔径射电望远镜。

荷兰的威斯特博尔克综合孔径射电望远镜（简称WSRT），落成的时间甚

美国的甚大阵综合孔径射电望远镜（VLA）

至比英国剑桥的5千米综合孔径射电望远镜还早，于1970年7月启用。它由14面直径25米的抛物面天线组成，沿东西方向排列在长2.7千米的基线上。其中10面天线固定，4面可在铁轨上移动，观测波长范围是1.2米到3.4厘米，灵敏度是剑桥5千米综合孔径望远镜的6.5倍。

澳大利亚综合孔径射电望远镜的正式名称为"澳大利亚望远镜致密阵"（简称ATCA），于1984年开建，1988年投入使用。它由6面直径22米的天线组成，最长基线为6千米，观测波段从21厘米到3毫米，是目前国际上主要用于毫米波观测的最大的综合孔径射电望远镜。

印度的米波综合孔径射电望远镜（简称GMRT）于1994年建成，是当今米波段灵敏度最高的望远镜，位于德干高原上普纳市以北80千米处。那里电磁干扰很小，非常适合米波射电观测。望远镜由30面直径45米的抛物面天线组成，其中14面集中在约1平方千米的范围内，其余16面沿Y形的3条臂分布，最长基线25千米，总接收面积是美国甚大阵的3倍。

澳大利亚综合孔径射电望远镜的正式名称是"澳大利亚望远镜致密阵"（ATCA）

研究日面上五花八门的射电活动现象，需要集高空间分辨率、高时间分辨率、高频率分辨率与高灵敏度于一身的射电望远镜。1967年，澳大利亚率先建成一个此类设备——由96面天线组成的射电日像仪。1990年日本开始建造耗资18亿日元的野边山日像仪，1992年4月投入观测。它由84面口径80厘米的天线组成，呈T字形排列，东西方向基线长490米，南北方向基线长220米。观测波段从1.76厘米到0.88厘米，空间分辨率分别达到10″和5″，可以获得整个太阳的精细图像，给出日面上的射电亮度分布。

世界上首个在亚毫米波段成像的射电望远镜，是美国的亚毫米波阵（简称SMA），坐落在夏威夷岛的莫纳克亚山上。它于1991年开始动工兴建，2003年底正式启用。建造亚毫米波综合孔径射电望远镜难度极大，不仅对天线表面的加工精度要求极高，而且连接各天线的馈线长度也不能有细微的变化。SMA由8面口径6米的天线组成，最长基线为500米。它的天线表面精度达到15～20微米，但仍对观测有不良影响，导致实际可用的天线面积减少。波长越短，影响越大。在0.43毫米波长上，实际可用的天线面积仅有50%。

2013年开始运作的阿塔卡马大型毫米波－亚毫米波阵（简称ALMA）坐落在智利北部海拔5000米的高原上。它的规模非常大，第一步是由64面口径12米的天线组成，第二步再增加12面天线。它的观测波长为1厘米到0.3毫米，空间分辨率可达0.01″，超过了美国的甚大阵和光学波段的哈勃空间望远镜。

中国的射电天文学从20世纪50年代后期观测研究太阳射电起家，但当初的太阳射电望远镜口径都比较小。

20世纪60年代初，中国射电天文学的创始人王绶琯等提出建造"米波多天线太阳干涉仪"。1967年第一期干涉仪完成安装并启用，它坐落在北京密云水库北岸，由16面天线组成，分布在沿东西方向长1千米的基线上。后来

坐落在智利北部高原上的阿塔卡马大型毫米波－亚毫米波阵（ALMA）

中国科学院北京天文台（今国家天文台）前台长、中国科学院院士王绶琯，半个多世纪以来对中国天文事业贡献卓著。来自全国各地的天文界同人在2012年10月举办的"十月天文论坛：中国天文的过去、现在和未来"上，向九十高寿的王绶琯院士表达了崇高的敬意。图为本书作者在会上同自己的老领导王绶琯院士合影

位于北京市密云水库旁的米波综合孔径射电望远镜阵

又增加了在分米波段工作的复合干涉仪模式，基线增长至2千米。

这台米波多天线干涉仪很适合于发展成为综合孔径射电望远镜。这样不仅能进行高分辨率的成像观测，而且能使中国跨入宇宙射电观测研究的新时期。1984年，密云观测站米波综合孔径射电望远镜建成。它由28面口径9米的网状天线组成——其中16面天线由原先干涉仪的口径6米天线扩大而成，在密云水库岸边沿东西方向一字排开，总长度为1160米。这个综合孔径射电望远镜的工作频率是232兆赫（波长1.3米）和327兆赫（波长92厘米），在232兆赫上的分辨率约为4′。它的视场比较大，长宽两个方向均约为10°，适合于进行巡天普查和发现新的射电源。

密云米波综合孔径射电望远镜最重要的观测任务，是在232兆赫频率上对北天赤纬30°以上的天区进行巡天观测。1996年完成巡天和观测资料的处理，共观测到3万多个分立的射电源，其中包括一批新射电源。观测结果汇编成我国第一个射电源表。同时，它还对一批特定的射电源进行观测研究，成果丰硕。

甚长基线干涉技术

在理论上，综合孔径射电望远镜的基线可长达成千上万千米，分辨率也就可以提高几万倍、甚至几十万倍。但是，综合孔径射电望远镜要用馈线连接成复杂的系统，而太长的馈线却可能由于各种因素而导致天体信号的相位发生变化，并致使望远镜失灵。

甚长基线干涉（简称VLBI）不用馈线传输，基线特别长。它的各台射电望远镜各自独立地观测同一个射电源，把观测到的信号记录在磁带上，再把各台射电望远镜的观测数据都提交给一台相关器进行干涉处理，以获得观测结果。这与用馈线把两面天线接收到的信号送往一处进行干涉处理的效果是一样的。显然，这种观测方式必须做到"三个同一"，即各台射电望远镜记录在磁带上的信号必须是同一个射电源同一时刻发出的同一波段的信号。那么，怎样实现这"三个同一"呢？关键在于观测中必须应用极端稳定的原子钟。原子钟的精度可以达到每100万年才误差1秒。在观测时，把原子钟的时间同观测数据一起记录到磁带上，就很容易确定各台射电望远镜同时观测的时刻了。

一般干涉仪或综合孔径望远镜的各台射电望远镜，都共用一台本机振荡器。但是甚长基线干涉取消了馈线连接，因此身处异地的射电望远镜必须各自拥有频率极其稳定的本机振荡器。原子钟的频率极端稳定，正好又可用来作为这样的本机振荡器。

甚长基线干涉要求有足够长的基线。欧洲国家的国土都不够辽阔，因此德国、意大利、荷兰、瑞典和英国于1980年联合建立了总部设在荷兰的欧洲甚长基线干涉网，简称EVN。

EVN很快又扩展至欧洲其他各国。但它覆盖的地区还是不够大，因此又力邀中国参加。欧洲网扩大到了亚洲、南非，最后还包括了美国阿雷西博的口径305米射电望远镜，成为世上分辨率和灵敏度最高的VLBI网。网中的射电望远

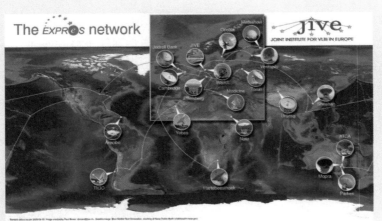

欧洲甚长基线干涉网（EVN）示意图

镜采用统一标准的接收系统和记录终端，观测数据则由国际联测的数据处理中心统一处理。

美国的甚长基线干涉阵（简称VLBA）由10台口径25米的射电望远镜组成，跨度从美国东部的维尔京岛到西部的夏威夷，最长基线达8600千米，最短基线为200千米。它是属于单独一个国家的最大的VLBI专用观测设备。每台射电望远镜都是为干涉阵专门设计的。1986年开始建造，1993年5月竣工，总费用为8500万美元。各台射电望远镜的观测记录一律送到位于新墨西哥州索科罗的望远镜阵工作中心分析处理，图像质量很高。VLBA的10台射电望远镜都能在3.5毫米波长上工作，分辨率达到了亚毫角秒级。这使VLBA成了解决某些天体物理学难题的关键性观测设备。

为了实现更高的分辨率，必须进一步增加基线的长度。这就必须突破地球本身的限制，把参与甚长基线干涉测量的一部分射电望远镜送入太空。从1986年至1988年，日本和澳大利亚的几台射电望远镜，相继同美国国家航空航天局工作数据传送卫星的口径4.9米天线进行空间VLBI干涉观测实验，并取得圆满成功。1989年日本正式开始实施"VLBI空间天文台计划"，简称VSOP。

1997年2月，日本将一架口径8米的射电望远镜送入环绕地球运行的空间轨道，成为首个空间VLBI卫星，其近地点高度为560千米，远地点高度为21 000千米。观测频段为1.6吉赫(波长18厘米)、5吉赫(波长6厘米)和22吉赫（波长1.3厘米）。发射成功后，这颗卫星被命名为HALCA，是"极先进通信和天文实验室"的英文首字母缩写，同日语中的遥远一词（Haruka）谐音。HALCA与地面上的VLBI天线一起，组成一个等效口径达30 000千米的VLBI观测网。由此达到的分辨率，要比哈勃空间望远镜在光学波段上的分辨率高出1万倍！

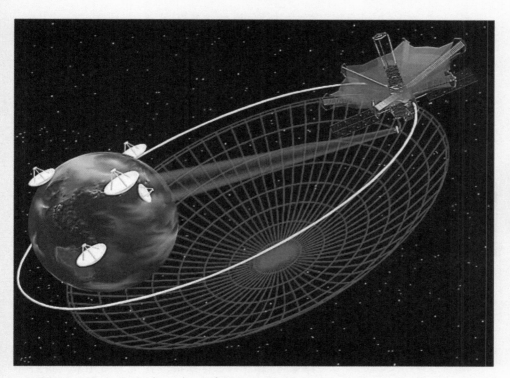

VLBI空间天文台计划（VSOP）示意图

　　由空间射电望远镜与地面射电望远镜组成的VLBI系统，基线长度超过地球赤道直径的2.5倍，角分辨率可达60微角秒（即0.000 06″），是当今空间分辨率最高的天文望远镜。这个国际合作项目，有美国的、加拿大的、澳大利亚的、欧洲的甚长基线干涉网参加。地面上已有的VLBI观测网和深空观测射电望远镜等都与HALCA进行合作观测，中国也已多次参加。

　　HALCA卫星工作到2003年10月已经结束。下一代空间VLBI将有一台10米口径的射电望远镜在太空环绕地球运转。其运动轨道也与VSOP相仿，近地点高1000千米，远地点高25 000千米。它的工作频率比VSOP更高，角分辨率也将进一步大幅提高。

65米和中国VLBI网

　　几十年来，射电天文学取得了许多重大的天文成果。20世纪60年代射电天文学的"四大发现"，即类星体、星际有机分子、微波背景辐射和脉冲星，已经成为现代天文学中的璀璨明珠。在获得诺贝尔物理学奖的十来个天文项目

(上)2012年4月17日，85岁高龄的中国科学院上海天文台前台长、中国科学院院士叶叔华在65米射电望远镜吊装现场接受记者采访；(下) 2012年10月28日，上海65米射电望远镜落成仪式的现场喜气洋洋

中，射电天文学几乎占了半壁江山。与此同时，中国的射电天文学也取得了长足的进步。除前边已提及的FAST等重要项目外，还有上海的口径65米射电望远镜也特别值得一提。

"如果你在火星上用手机拨号，地球上的它能收到信号。"这里说的"它"，就是这架口径65米射电望远镜。

2012年10月28日上午，"上海65米射电望远镜落成仪式及中国科学院上海天文台成立50周年暨建台140周年庆典活动"在上海佘山的65米射电望远镜现场隆重举行。

在落成仪式上，高70米、重2700多吨、主反射面直径65米的这架射电望远镜，秀了一次漂亮的俯仰动作，由"昂首"转向45°角，现场掌声雷动。下午1时30分左右，它成功追踪到第一个预定目标，并接收到第一组信号。这个信号来自距地球约3.7万光年的一个天区，那里有大量的恒星正在形成。

"终于盼到了这台望远镜！"一直密切关注整个工程进度的著名天文学家、曾任国际天文学联合会副主席的中国科学院院士叶叔华是建造这台65米射电望远镜的创导者，她的感慨令人动容。

"我们需要65米射电望远镜赶快执行任务，因为我们需要精确地测轨。"中国探月工程总设计师吴伟仁在落成仪式上如是说。事实上，在这架65米射电望远镜待执行的任务单上，第一项大任务就是为中国探月二期工程的"嫦娥三号"保驾护航。而此前，在"嫦娥一号"和"嫦娥二号"卫星奔月过程中，中国的甚长基线干涉网（中国VLBI网）已成功参与完成了测轨工作。

中国VLBI网，是为了发射"嫦娥一号"的需要，以前所未有的速度建立起来的。4台射电望远镜的位置和彼此之间的距离如图所示：最短基线是上海到北京的1114千米，最长基线是上海到乌鲁木齐的3249千米。中国VLBI网在3.2厘米波长上的分辨率达到0.0025″。

上海65米射电望远镜的主反射面面积为3780平方米，相当于9个标准篮球场，由14圈共1008块高精度实面板拼装而成，每块面板单元精度达0.1毫米。整个望远镜可以通过基座上的轮轨、天线俯仰机构灵活转动，以便全方位跟踪所观测的目标天体。

射电望远镜的口径越大，其探测能力也就越强。但与此同时，口径越大意味着整个望远镜系统的重量越大。建造这些"庞然大物"的最大难度，在于确保精确度和稳定性。

上海65米射电望远镜的指向误差不能超过3″，这相当于钟表上的秒针跳动一次所转过角度的1/7200。为了保证移动过程中不发生过大的晃动，望远镜

承担嫦娥一期工程测轨任务的中国VLBI网的4个观测站分布图

采取了多项我国自主知识产权的最新技术。例如，其运行轨道采取了无缝焊接技术，总长130多米的运行轨道最高处和最低处的差距不超过0.5毫米。又如，为了保证反射面在望远镜移动过程中不会因重力、温度等因素的影响而变形，在面板与天线背架结构的连接处安装着1104个精密的促动器，可以随时对面板进行调整，以补偿重力引起的反射面变形。促动器的单位精度可达15微米，大致相当于一根头发丝的一半。

上海65米射电望远镜是一台拥有全动式天线、具有多种科学用途的射电望远镜，可工作在厘米波和长毫米波段，最短工作波段为7毫米。在同类型望远镜中其总体性能位列全球第四，亚洲第一。它是中国科学院和上海市政府的重大合作项目，主要由中国科学院、上海市政府、探月工程项目等共同出资建造，由中国科学院上海天文台负责运行。65米射电望远镜的建成，标志着我国深空探测定轨能力进入到一个更高层次，显著提升了中国天文观测研究的整体实力和国际地位。它将在射电天文、天文地球动力学和空间科学等多种学科中成为中国乃至世界的一台主干观测设备；中国VLBI网有了它，灵敏度可提高42%；欧洲VLBI网有了它，灵敏度可提高15%～35%。在东亚VLBI网中，它以口径最大而起到主导作用。

2013年12月2日，遵循以所在地名为望远镜命名的国际惯例之一，经中国科学院批准，上海65米射电望远镜以佘山九峰十二山中海拔最高的天马山命名为"天马望远镜"。

回望21世纪初，中国射电天文学的开创者王绶琯院士等人已经形成在北京市密云建造一架口径50米射电望远镜的计划。在中国启动"嫦娥工程"之时，"嫦娥一号"卫星在整个行程中能否被"看得见、测得准、控得住"，始终是工程总体以及测控系统各级设计师尽力追求的目标。服务于时间紧迫的"嫦娥工程"，使建造口径50米射电望远镜成了当务之急。

坐落在中国科学院国家天文台密云观测站的这台口径50米射电望远镜于2002年10月开建，2006年4月底竣工。天线高56米，总重680吨。口径50米的抛物面天线铺设有两种不同的金属表面。中间口径30米要能观测厘米波辐射，采用金属实板面，分为一至四环。整个抛物面要能观测分米波，对反射面的要求稍低，所以外围采用金属丝网面。观测频段共有6个，在327兆赫（波长92厘米）处天线的分辨率最低，为1.3°，在12吉赫（波长2.5厘米）处分辨率最

新疆天文台南山站风光，口径25米射电望远镜位于图中右下方

高，为2.7′。天线的指向精度达到19″，能对准观测对象并准确跟踪。

当时，上海天文台和乌鲁木齐天文站（如今的中国科学院新疆天文台）已经各有一台口径25米的射电望远镜，再加上北京这架口径50米射电望远镜，一共是3台。对VLBI观测而言，3台望远镜只能获得3种基线的干涉观测数据。如果再增加一台，就能有6种基线的干涉观测，成像质量可提高一倍。因此有关方面又果敢地决定，立刻在云南昆明天文台建造一台口径40米的射电望远镜。留给设计和建造的时间已经不多，必须争分夺秒！

云南天文台位于昆明市东郊凤凰山上。新建的口径40米射电望远镜有13厘米和3.6厘米两个观测波段，这是国际上常用的VLBI观测波段。抛物面天线表面用464块独立可调的面板组装而成。中间口径27米为板状金属面板，可以用来观测短厘米波辐射。从27米到40米的外圈为金属网状结构，对厘米波的观测同北京口径50米射电望远镜差别不大。这两台射电望远镜的机械性能几乎相同，都能运转自如、指向精确。

北京口径50米和昆明口径40米射电望远镜建成的时间相近。在短短半个月中，两台望远镜顺利通过各种实验，证明具备VLBI观测的能力。2007年5月，

189

经欧洲空间局同意，中国4台射电望远镜对每4小时绕月球运行一圈的欧洲月球卫星SMART-1进行了为期5天的试跟踪观测，并获得成功。这表明中国已经具备承担"嫦娥一号"卫星测轨任务的能力。

　　"嫦娥一号"卫星于2007年11月7日进入正常的绕月轨道，中国VLBI观测系统出色地完成了测轨和接收探测数据的任务。当时，上述这几架望远镜的主反射面口径都远不及2012年落成的口径65米射电望远镜。2013年发射"嫦娥三号"时，上海口径65米射电望远镜取代早先那台口径25米望远镜，与云南、北京密云、乌鲁木齐三地的射电望远镜一起组成中国VLBI网，使"嫦娥三号"落月探测的测轨定轨水平大幅提高，为"玉兔号"月球车成功着陆"保驾护航"，同时也为未来探测火星、金星打下了基础。

从25米到110米

　　早在20世纪70年代初，叶叔华院士已从文献上知悉用射电望远镜可以大大提高测量精度。为此，她便积极筹划建造上海的那台口径25米射电望远镜，以开展VLBI观测。为了建立中国自己的VLBI网和增加中国在世界上的发言权，叶叔华又坚定地促成将乌鲁木齐天文站建成中国VLBI的第二个观测站，中国的第二台口径25米射电望远镜也由此而诞生。直到2005年，这两台"25米"仍是中国最大口径的射电望远镜。

　　上海的25米射电望远镜于1987年投入使用，不久就在国际VLBI观测网中占有一席之地。这架望远镜于1994年成为欧洲VLBI网的正式成员。它的加入，使欧洲网的基线长了3倍多，分辨率也提高了3倍多。不久这架口径25米射电望远镜又成为美国VLBI网和亚太地区望远镜的正式成员。1999年以来，它参加了数以百计的空间VLBI实验观测，成为"VLBI空间天文台计划"中的重要地面台站之一。2005年它还参加了欧洲空间局"惠更斯号"探测器登陆土卫六之前约3个小时的监测、美国发射"火星环球勘测者"的精密定位联合观测，并参加了俄罗斯组织的金星雷达VLBI实验。

　　乌鲁木齐口径25米射电望远镜于1993年建成。其所在的南山站坐落于乌鲁木齐西南约50千米、海拔2000米的甘沟乡。望远镜的观测波长最短可以达到7毫米。作为单天线射电望远镜进行的天文观测，这架望远镜以对脉冲星的研究最为出色。乌鲁木齐25米射电望远镜地处欧亚大陆腹地，其地理位置的特殊重

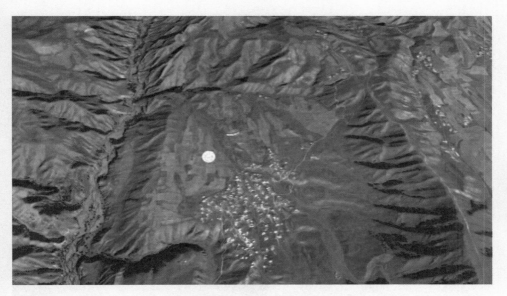

卫星图片：奇台天文谷被确定为新疆110米射电望远镜建设台址

要性使欧洲VLBI网力邀它加盟，结果自然皆大欢喜。这台射电望远镜以VLBI观测为主，已经参加了欧洲网、全球动力测地网、俄罗斯VLBI低频网、东亚VLBI网等。它在天体物理学领域取得了丰硕的观测成果。与此同时，在测地方面，它测得的乌鲁木齐南山站地理位置精度达到了毫米级，成为中国和全球重要的地面参考点之一。

如今，中国正在积极准备建造一架可全方位转动的口径110米射电望远镜，即"新疆110米射电望远镜"。它建成后，将与美国格林班克口径100米×110米射电望远镜、德国埃费尔斯贝格口径100米射电望远镜并列为世界最大的全动式射电望远镜。它将有力地推动中国天文学家做出国际领先的丰硕科研成果，并能及时满足国家在深空探测领域的需求。

中国射电望远镜的靓丽风采告诉人们：中国的射电天文学正在逐步走向世界射电天文学的前沿！

哈勒空间望远镜

巨镜凌霄

——空间望远镜的风采

　　宇宙中充满着各种波长的电磁波，人眼却只能感知波长介于约700纳米（红光）和约400纳米（蓝光）之间的可见光。这就像一个听力有着严重障碍的人，出席一场精彩的音乐会——会上演奏的优美乐曲实际上大多被错过了。射电望远镜的诞生在一定程度上弥补了这样的缺憾，但为了能够充分领略"宇宙交响曲"之妙，人类还必须想法全面接收来自太空的所有不同种类的电磁波。担当起这一使命的，正是各种各样的空间望远镜。

时代的机遇

　　为了能接收到大气窗口以外的天体辐射，必须将观测仪器送到地球大气层外，或者至少送到大气已很稀薄的高空。20世纪中叶空间时代的到来，为此提供了前所未有的良好机遇。

将各种望远镜——或者说各种天文台——送上天，即使对于可见光波段，也有莫大的好处。要解决许多悬而未决的天文学难题，高分辨率观测往往是关键之所在。然而在地面上，由于大气视宁度的限制，单个光学望远镜的角分辨率能达到1″已经很不容易；而在地球大气层外，则可以得到0.1″的角分辨率。

1990年4月，美国用"发现号"航天飞机将一架主镜口径2.4米的光学望远镜送入太空。此镜以20世纪最伟大的天文学家埃德温·鲍威尔·哈勃的姓氏命名，称为"哈勃空间望远镜"，简称HST。它全长13米，总重11.6吨，轨道高度约600千米。它的设计工作寿命是15年，每3年进行一次维修，同时更换一些辅助设施。

哈勃空间望远镜上天后，天文学家十分意外地发现它的成像质量颇成问题。最后查明，原来是在磨制主镜时犯了一个绝对"低级"的错误：有一个光学元件的位置错放了1.3毫米！这件事情非常棘手，当时考虑了三种补救办法。第一种方案是用航天飞机把哈勃空间望远镜拉回地面，重新换一个主镜，但这样做时间太长，要到1996年才能重返太空；第二种方案是让宇航员上天，在望远镜的光路中插入一个改正镜，这就像给哈勃空间望远镜戴上一副眼镜以纠正它的视力，但是哈勃空间望远镜的设计并未为加戴一副"眼镜"预留位置。最后真正实施的是第三种方案，其过程如下：

1993年12月2日，"奋进号"航天飞机载着7名宇航员和8吨器材，进入太空抓住哈勃空间望远镜，对它进行首次维修。其中的关键是拆除原来的高速光度计，换上能够矫正哈勃空间望远镜"视力"的新光度计。12月9日，宇航员轻轻按下电钮，将哈勃空间望远镜重

1993年12月美国宇航员乘坐"奋进号"航天飞机，到太空中对哈勃空间望远镜进行首次维修

新释放到它的运行轨道上。修复后的哈勃空间望远镜果然不负众望，源源不断地向地面送回极佳的图像资料。美国国家航空航天局的一位主管人士说，它"修得比我们最大胆的梦想还要好"。这项极不平凡的创举，显示出人在太空中从事高难度操作的能力，为日后兴建空间站积累了丰富的经验。

维修后的哈勃空间望远镜不仅消除了像差，分辨率也比原先设计的更高，达到了0.1″。这个角度的大小相当于将一块圆蛋糕平分给全北京市的人，每人分到的那一小块的尖角。哈勃空间望远镜的研制费时长达30年，耗资逾20亿美元，先后有上万人参与。它在空间光学观测领域中独占鳌头，所取得的大量优质观测资料已对整个国际天文界产生巨大的影响。例如，它观测到了离我们远达100多亿光年的星系，证明有些星系的中央存在着超大质量的黑洞，还使天文学家得以更准确地追溯宇宙早期的历史……

哈勃空间望远镜后来又于1997年2月、1999年12月、2002年3月成功地经历了4次太空维修。2009年5月，哈勃空间望远镜进行最后一次维修。

如今，哈勃空间望远镜的"接班人"也已经确定：美国、加拿大已与欧洲空间局共同计划于2018年发射一架新一代的空间望远镜。起初此项目称为"下一代空间望远镜"，后来在2002年被冠以美国国家航空航天局第二任局长詹姆斯·韦布的姓名，改称为"詹姆斯·韦布空间望远镜"，简称JWST。在1961年至1968年担任局长期间，韦布领导实施了阿波罗计划等一系列非常重要的空间探测项目。

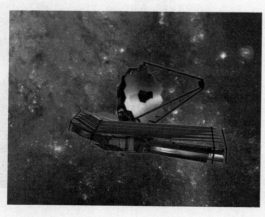

预期2018年发射升空的"詹姆斯·韦布空间望远镜"（JWST）

韦布空间望远镜比哈勃空间望远镜更先进而廉价。一旦进入太空，它将如花瓣似地展开6.5米口径的拼接镜面。韦布空间望远镜的灵敏度将为哈勃空间望远镜的7倍，主要将在红外波段工作，因而通常被认为是一架空间红外望远镜。它带有一个巨型遮阳篷，可保证光学仪器和低温设备永远处于阴暗之中。另外，它也不像哈勃空间望远镜那样在地球上空绕圈，而是在一个狭长的轨道上环绕太阳运行。它会逗留在距离地球150万千米的某处——即所谓的"日地系统第二拉格朗日点"（通常标记为L_2）。在那里，它可以远离地球的辐射，将整个天空的景色尽收眼底。至于韦布空间望远镜究竟会给人类带来怎样的新发现，且让我们拭目以待吧。

红外天文学

当然，发射韦布空间望远镜并非红外天文学的开端。在历史上，首先发现红外辐射的乃是大名鼎鼎的威廉·赫歇尔。1800年，威廉·赫歇尔将温度计放在太阳光谱红端的外侧，发现那儿虽然没有任何看得见的光，温度却相当高。这种处于红光外侧的肉眼不可见的光线就是红外辐射，俗称红外线。

由于技术上的局限，在长达一个多世纪的时间中，红外天文学始终进展甚微。宇宙中有许多天体的温度非常低，发出的红外辐射很微弱。而在常温下，望远镜本身和周围环境却都会发出相当不少的红外线。因此，望远镜的一些部件和探测器必须制冷降温，使它们不致"喧宾夺主"，否则它们自身发出的红外辐射反而很容易盖过来自天体的辐射信号。

1965年，美国加州理工学院的几位天文学家用一架简易的地面红外望远镜，发现了美籍华裔天文学家黄授书在4年前预言存在的红外星，这是现代红外天文学的重要里程碑。

到20世纪90年代初，观测成果最为丰硕的红外天文设备是美、荷、法三国联合研制的"红外天文卫星"（简称IRAS）。它于1983年发射升空，有效地工作了9个半月，总共记录到约50万个红外天体，使当时已知的红外源总数增加了100倍。

1995年11月11日，欧洲空间局跨世纪天文计划的重要项目"红外空间天文台"（简称ISO）进入太空，工作了29个月。它最重大的发现，是执行深度巡天任务所揭示的现象。例如，它观测到上千个非常活跃的星系正在大

1983年1月25日发射成功的IRAS是人类的第一个红外天文观测卫星

规模地形成新的恒星。进一步的分析表明，这些星系大约诞生于100亿年前，当时正处于所谓的星系形成的"黄金时代"。

2003年8月25日，美国国家航空航天局将空间红外望远镜"（简称SIRTF）发射上天。不久它以又一位重要科学家莱曼·斯皮策的姓氏被命名为"斯皮策空间望远镜"。早先，在20世纪40年代，斯皮策就首次提议应该将望远镜送入太空。

20世纪90年代，美国国家航空航天局实施了规模恢弘的"大天文台项目"，共包括4架覆盖不同波段的空间望远镜，号称"四大天王"。在"四大天王"中居首的哈勃空间望远镜已如前文所述，位居第二、第三的"康普顿γ射线空间天文台"和"钱德拉X射线天文台"将在后文中介绍。第四位"天王"便是耗资12亿美元的斯皮策空间望远镜，其载荷质量约850千克，镜身长4.45米，直径约2米，主镜是一个直径85厘米的透镜。它是迄今世上最大且灵敏度最高的空间红外望远镜，能探测到在地面上无法探测的微弱信号。斯皮策空间望远镜的轨道也很独特，它"躲"在地球的后面，可以使望远镜免遭太阳的直接照射，在太空中保持尽可能低的温度。

"空间红外望远镜"（SIRTF）在安装测试现场，它于2003年8月25日成功发射升空

斯皮策空间望远镜仿佛是"红外版"的哈勃空间望远镜。它被置于一个灌满液氦的容器中，以便使它的探测器能够冷却到接近绝对零度，从而使这架望远镜对于红外辐射具备了空前的灵敏度。斯皮策空间望远镜面对的，是一个"躲"在尘埃背后的宇宙。人们在可见光波段无法看见那些浓密的尘埃云，但当它们从内部开始变热时，就会发出红外线。星系碰撞产生的冲击波把尘埃驱赶到一起，成为诞生新恒星的温床。斯皮策空间望远镜已经发现，在行星状星云和超新星遗迹中充斥着构建未来行星的原材料——星际尘埃，并且借助光谱分析查明了这些宇宙尘埃的化学成分。

"草帽星系"又称"宽边帽星系",因形似墨西哥宽边草帽而得名,位于室女座中,距离地球2800万光年。此图由哈勃空间望远镜和斯皮策红外空间望远镜的观测结果综合而成,星系中央隆起明亮的核,核附近的尘埃像帽檐似地散向四周

2009年5月14日,欧洲空间局的"赫歇尔红外空间望远镜"(又称"赫歇尔空间天文台")发射成功。它是第一个对整个远红外线和亚毫米波段进行观测的空间天文台,其望远镜的口径为3.5米,比哈勃空间望远镜还大。它通过搜集来自遥远天体的微弱光线,以研究在宇宙早期星系如何形成和演化等重要课题。

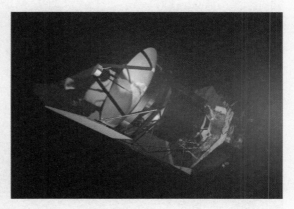

2009年5月14日发射升空的"赫歇尔红外空间望远镜"

紫外线出场

在整个电磁波谱中,紧邻可见光短波侧的是紫外辐射,那是德国物理学家约翰·威廉·里特尔于1801年发现的,其波长范围在0.01微米到0.4微米之间。

来自天体的大部分紫外辐射被地球大气中的臭氧层所阻挡，因此必须将紫外探测设备置于高空火箭或空间轨道上。

1978年发射上天的"国际紫外探测器"（简称IUE），是第一个国际性的空间天文台，由美国、英国和欧洲空间局三方管理。它携带的望远镜口径虽然仅45厘米，取得的成果却颇为丰硕。例如，它使对"冷星"的研究进入到观测"色球—星冕过渡区"的新阶段，了解到用其他方法难以获悉的元素丰度，还为类星体和活动星系核提供了很宝贵的资料。

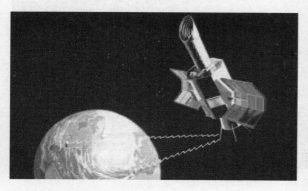

1978年1月26日升空的"国际紫外探测器"（IUE）是一颗地球同步卫星

1992年6月，美国国家航空航天局发射了"极紫外探测器"（简称EUVE）。其主要任务是在波长约8纳米到80纳米的极远紫外波段进行巡天观测，以便在先前尚未开发的这一波段取得较为详尽的全天空观测资料。

1999年6月24日，美国又发射了"远紫外分光探测器"（简称FUSE）。按照原计划，它可以工作3年，而实际上却一直服役到2007年10月18日。那时，这颗卫星的指向出了问题，也就是找不准观测目标了。于是，地面操作人员关闭了它的控制系统。远紫外分光探测器携

2003年4月28日成功发射的"星系演化探索者"（GALEX）

载的望远镜，主镜由4块长39厘米、宽35厘米的镜子组成，它们会将来自天体的光反射并聚焦到4个光栅上，光栅则使光线色散并反射到探测器上，以供记录。这套装备的光谱分辨率和灵敏度都非常之高。在8年多的时间里，远紫外分光探测器观测的目标超过3000个，拍摄了6000多条光谱，做出许多可圈可点的新发现。

2003年4月28日，美国国家航空航天局又将一个名叫"星系演化探索者"（简称GALEX）的紫外空间望远镜送入环绕地球的轨道。其主要目的是探测跨越宇宙上百亿年历史的数百万个星系，以求更深入地了解恒星何时、以何种方式在星系中形成等问题。因为年轻热星比老年冷星发出更多的紫外线，所以在紫外波段比较容易发现年轻热星。例如，M81是一个用小望远镜就可以看见的亮旋涡星系，位于大熊座中，亦称大熊星系。它与地球相距1200万光年，是离银河系最近的大型旋涡星系之一，其直径约7万光年，比银河系稍小。在星系演化探索者拍摄的这幅紫外波段照片中，可以看到M81卷曲的旋臂上有大量的年轻恒星（伪彩色的色调偏蓝）。它们的年龄还不到1亿岁，分布区域同星系核心部分的老年恒星（呈浅黄色）明显不同。

"星系演化探索者"在紫外波段拍摄的亮旋涡星系M81（大熊星系）

星系演化探索者非常出色地履行了自己的职责，最终在2013年6月接受运转中心的指令而"关机"。

观看"X光"的眼睛

X射线是德国物理学家威廉·康拉德·伦琴于1895年发现的，它因人们前所未知而以"X"相称。为了确保自己没出差错，伦琴在实验室里昼夜奋战了6

个星期，直到12月22日才将详情告诉夫人，并拉着夫人到实验室为她拍了第一张人手的X射线照片。1896年1月23日，伦琴做了首场关于新射线的公开报告。他讲完后，便征求志愿试验者。年近八旬的解剖学家与生理学家鲁道夫·阿尔伯特·冯·克利克欣然上前，伦琴当即给他的手拍摄了一张X射线照片。照片上显示出老人形状优美的手骨，狂热的欢呼和对X射线的兴趣随即席卷了欧洲和美洲。1901年，伦琴为此成为诺贝尔物理学奖的首位得主。后来人们证实，X射线乃是波长远小于紫外线的电磁辐射。

巴伐利亚国王意欲册封伦琴为贵族，但是伦琴本人不需要这种称号。他也不想靠X射线赢得金钱，甚至不想取得这项对科学、医学和工业无比重要的发明专利。后来，美国大发明家托马斯·阿尔瓦·爱迪生发明了X射线荧光屏，为了不致愧对伦琴，他也拒绝了申请荧光屏的专利。1923年2月，在第一次世界大战造成的战后通货膨胀顶峰时期，78岁的伦琴在慕尼黑与人间告别，去世时极为潦倒。

在伦琴发现X射线后，法国物理学家安东尼·昂利·贝克勒尔于1896年发现了金属铀原子的放射性现象。后来，人们查明有一类放射性辐射乃是某种形式的电磁波，这就是所谓的"γ射线"，其波长甚至比X射线更短。

如今，X射线通常是指波长从0.01纳米到100纳米的电磁辐射——它曾长期俗称为"X光"，波长短于0.01纳米的则称为γ射线。来自天体的X射线和γ射线，唯有在地球大气层外才能观测到。

对X射线天文学贡献最为卓著的，当推意大利裔美国天文学家里卡尔多·贾科尼。贾科尼1931年10月6日出生于意大利的热那亚，1954年在米兰大学取得物理学博士学位。后来，他移居美国并加入美国籍，1959年进入"美国科学与工程学公司"，从事X射线天文学的研究。

1962年，贾科尼等人领导实施利用火箭探测太空中的X射线的计划。那年6月，"空蜂号"火箭携带3个盖革计数器发射升空，结果相当意外地在天蝎座发现了第一个宇宙X射线源"天蝎座X-1"。这一发现，通常被视为X射线天文学的开端。

此后，贾科尼又领导研制了美国的"探险者42号"卫星。这是美国的第一颗X射线天文卫星，于1970年12月12日在肯尼亚的圣马可发射场发射升空。那天正好是肯尼亚独立7周年纪念日，这颗卫星遂被重新命名为"乌呼鲁号"

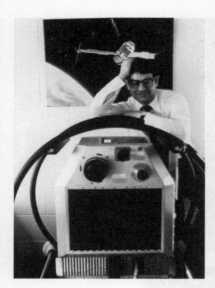

1970年里卡尔多·贾科尼在"乌呼鲁号"X射线天文卫星旁留影

（Uhuru）。在斯瓦希里语中，乌呼鲁的意思是"自由"。

1971年，贾科尼及其同事利用乌呼鲁号卫星的观测资料，发现半人马座X-3是一个X射线双星。1973年他进入哈佛－史密松天体物理中心，在那里领导研制了世界上第一个能使X射线成像的天文卫星，即著名的"爱因斯坦卫星"。 1981年至1993年，贾科尼担任空间望远镜研究所的首任所长——哈勃空间望远镜正是由该研究所为主研制成功的。他是约翰霍普金斯大学的天文学和物理学教授，并于1993年至1997年在欧洲南方天文台任职。1999年，贾科尼出任美国国家射电天文台台长。

贾科尼的业绩使天文观测拓展到了X射线波段，从而极大地开阔了人类的视野。2002年，贾科尼因对X射线天文学的开创性贡献而荣获诺贝尔物理学奖。此外，国际天文学联合会还将第3371号小行星以他的姓氏命名为"贾科尼"。

在世界各国研制的一系列X射线天文卫星中，最引人瞩目的是所谓的"四大巨人"，它们分别以物理学泰斗爱因斯坦、伦琴、钱德拉（钱德拉塞卡的昵称）和牛顿的名字命名，依次于1978年11月13日、1990年6月1日、1999年7月23日和1999年12月10日发射。

1990年6月，由德国与美英两国合作研制的伦琴X射线天文卫星（简称ROSAT）发射升空，携带了一台口径84厘米的掠射式X射线望远镜。这颗卫星重2.4吨，轨道高度近600千米，绕地球运行的周期为96分钟。1996年，基于伦琴X射线天文卫星巡天观测的X射线源表正式面世，其中包含的X射线源超过18 000个，定位精度约10″。伦琴X射线天文卫星于1999年12月12日停止工作，2011年10月23日坠落地面。

掠射式X射线望远镜的提出者贾科尼，也是"钱德拉X射线天文台"的倡导者之一。位居"大天文台项目"第三的钱德拉X射线天文台，同时也是

1999年7月23日由"哥伦比亚号"航天飞机送入太空的"钱德拉X射线天文台"

牛顿多镜面X射线空间望远镜

上述"四大巨人"中的第三位。它原名为"先进X射线天文设备"（简称AXAF），1998年为纪念印度裔美国天文学家、1983年诺贝尔物理学奖得主钱德拉塞卡而更名。钱德拉X射线天文台全长11.8米，重约5吨，耗资逾15亿美元。其主体是口径1.2米的掠射式X射线望远镜，观测能段为0.1千电子伏（相当于波长约10纳米）至10千电子伏（相当于波长约0.1纳米），分辨率和灵敏度都很高，可以使大面积的X射线聚焦成像，可以探测宇宙的遥远区域。

"四大巨人"中的最后一位，是欧洲空间局的"牛顿"，其全名是"牛顿多镜面X射线空间望远镜"，简称"XMM-牛顿"。它的设计工作寿命原为2年，后来延长至超过10年。它绕地球运行一周历时需48小时，其轨道是一

一个超大质量黑洞的示意图。位于图中央的超大黑洞深藏在星系的核心中，其质量达太阳质量的成百上千万倍。图中还显示了一个朝向左上方的高能粒子喷流，黑洞的自转为它提供了能量

个拉得很长的椭圆，近地点为7000千米，远地点为114 000千米，轨道面同地球赤道面的交角为40°。这样的轨道，可以在很大程度上摆脱地球辐射带来的影响。牛顿多镜面X射线空间望远镜重3.8吨，长10米，太阳能电池帆板展开后宽16米。它的灵敏度达到钱德拉X射线天文台的5倍，成为史上灵敏度最高的X射线天文望远镜，主要用于探测波长1至120纳米的电磁辐射。

2012年6月13日，美国国家航空航天局成功发射了"核分光望远镜阵"（简称NuSTAR）。它是第一个观测波长比钱德拉X射线天文台和XMM-牛顿更短——从而能量更高——的直接成像空间X射线望远镜，总重350千克，轨道高度550千米，轨道面同地球赤道面的交角为6°，设计工作寿命为2年。

2013年2月，据美国国家航空航天局披露，核分光望远镜阵协同欧洲的牛顿多镜面X射线空间望远镜观测了星系NGC1365的中心区域，并据此推算那里的一个200万倍于太阳质量的超大黑洞的自转情况。该黑洞四周有一个"吸积盘"，盘中的尘埃和气体受到黑洞强大的引力作用，正在一边旋转一边朝黑洞下落。在黑洞附近的区域，拥有致密的高能X射线辐射源，它们"照亮"了吸积盘，使天文学家能够了解盘内的物质——乃至黑洞自身旋转得有多快。结果发现，此黑洞的自转速度竟达到了光速的一半！

γ射线望远镜

与X射线天文学相比，γ射线天文学发端更晚。1972年11月，人类的第一颗γ射线卫星SAS-2发射上天，一般即以此作为γ射线天文学的起点。1973年，两位美国天文学家根据原本用于监测地球上核爆炸的两颗人造卫星的探测结果，意外地发现了宇宙γ射线暴——通常就简称为γ射线暴。γ射线暴是一种短促而猛烈的γ射线爆发现象。这种强烈辐射源于太阳系以外，它们在几分钟乃至几秒钟内发出的能量，也许比太阳在100亿年的生命历程中发出的总能量还要多。发现γ射线暴，是20世纪70年代天体物理学的重大发现。1975年8月，欧洲空间局发射的"宇宙线卫星B"（简称COS-B）记录了数以10万计的γ射线事件，发现了一批γ射线点源以及弥漫的γ射线背景辐射。

天体的γ射线辐射流量低，仪器噪声高，精确定位困难，致使与其他波段相比γ射线天文学仍处于比较初级的阶段。为此，各国天文学家一直在努力改变这种局面。1991年4月，美国的"康普顿γ射线天文台"（简称CGRO）被送上距离地面450千米的轨道。它耗资6.17亿美元，重17吨，是迄当时为止探测能力最强的空间γ射线望远镜。康普顿γ射线天文台的设计寿命为2～5年，实际上却在太空中工作了9年，最后于2000年6月4日由美国国家航空航天局引导坠海，结束了自己的历史使命。

1991年4月5日由"亚特兰蒂斯号"航天飞机送入太空的"康普顿γ射线天文台"（CGRO）

康普顿γ射线天文台配备了4台适用于不同能量范围——即不同波段——的探测器，它们既可以分别观测不同的天体，也可以同时对准一个目标。它们覆盖的整个能谱范围，从20千电子伏（相当于波长约0.06纳米）到30吉电子伏（相当于波长约0.04飞米，1飞米$=10^{-15}$米），跨度达6个数量级。这4台仪器中的"爆发和暂

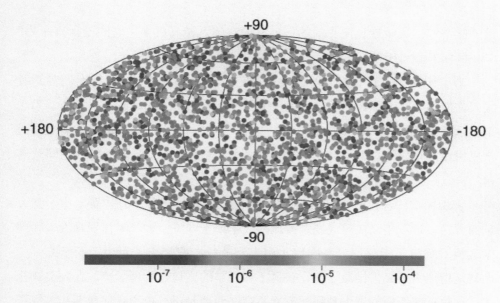

基于康普顿γ射线天文台携载的"爆发和暂现源检测仪"的观测结果所绘制的2704个γ射线暴的全天分布图。不同颜色表征不同强度（或流量）的γ射线暴。此处对颜色标尺的详细说明从略，但容易看到从紫色到红色的强度差异约达1万倍

现源检测仪"（简称BATSE），主要用于探测γ射线暴。其空间分辨率虽然与其他波段的望远镜相比还差得很远，仅达到若干度的水平，但比起先前所有的γ射线探测器来已大有进步，已经可以大致确定γ射线源在天空中的方向了。

康普顿γ射线天文台探测到的γ射线暴事件，远远超过了以往全部观测的总和。早先，天文学家大多认为γ射线暴起源于中子星表面的爆发。因为中子星大多分布在位于银河系对称面上的扁平圆盘——即所谓的"银盘"中，所以γ射线暴在天空中的分布似乎也应该有朝银盘集中的倾向。然而，康普顿γ射线天文台探测到的2700个γ射线暴，却非常均匀地分布在整个天空中。由此便引发了一场关于γ射线暴究竟处于银河系之内还是银河系以外的大辩论。关于γ射线暴的本质，如今依然是个待解之谜。

在康普顿γ射线天文台之后，又有美国的"高能暂现源探测者"（简称HETE）卫星、欧洲的"国际γ射线天体物理实验室"（简称INTEGRAL）等相继上天。尤其值得一提的是，2008年6月11日，美国国家航空航天局、美国能源部、德国、法国、意大利、日本和瑞典联合运营的"γ射线大面积空间望远镜"（简称GLAST）发射成功。它不仅视场大、有效接收面积大，而且可测

量的能谱宽，灵敏度也比先前的任何γ射线望远镜高得多。它的设计寿命为5年，目标寿命为10年。

为了让社会公众关注γ射线大面积空间望远镜的使命，唤起人们对γ射线天文学和高能天体物理学的重视，美国国家航空航天局举办公开竞赛，为这架望远镜征集一个吸引人的新名字，以便"可以让这个任务成为餐桌上和课堂里讨论的话题"。2008年8月26日，此镜正式更名为"费米γ射线空间望远镜"，以纪念高能物理的先驱者、著名的意大利科学家恩里科·费米。

费米极富传奇色彩的一生非常值得一提。1901年9月29日，费米生于意大利的罗马，1922年以优等成绩获得比萨大学博士学位，1926年任罗马大学物理学教授，那时墨索里尼已经夺取了意大利政权。费米由于对中子的研究——尤其是用热中子轰击铀原子核，获得了1938年的诺贝尔物理学奖。在颁奖典礼上，这位反法西斯的意大利科学家既不穿法西斯制服，也不行法西斯礼，成了意大利报界攻击的目标。更糟糕的是，在希特勒的影响下，意大利当时已经通过了反犹太法案，而费米夫人恰恰是犹太人。因此，费米在斯德哥尔摩接受诺贝尔奖之后，便和全家人直接乘船去了美国，从此在那里定居。在美国研制原子弹的"曼哈顿工程"中，费米起了很重要的作用。他当时尚未加入美国籍，因而在珍珠港事件后成了"敌国侨民"。幸好当时美国的掌权者头脑清醒，没有让这种因素造成实际干扰。1954年11月28日，费米因患癌症在芝加哥去世。翌年，为了纪念他，人工制造成功的第100号化学元素被命名为"镄"。

费米γ射线空间望远镜重750千克，绕地球运行的轨道高度550千米，轨道周期95分钟。它携带的主要仪器有两台，即"大面积望远镜"（简称LAT）和"γ射线暴监测器"（简称GBM）。早先康普顿γ射线天文台携带的4台仪器中，有一台称为"高能γ射线实验望远镜"（简称EGRET），大面积望远镜可以说就是它的后继者，但较之更大也更成功。大面积望远镜探测的能量范围为30兆电子伏（波长相当于0.04皮米，1皮米=10^{-12}米）到300吉电子伏（相当于波长0.004飞米）。大面积望远镜的视场大到约占20%的天空。它用于大面积巡天时，每3小时（在轨道上绕地球飞行2圈）即可对整个天空扫视一遍。费米γ射线空间望远镜携载的γ射线暴监测器，有良好的时间分辨率和能量分辨率，适合于侦查由γ射线暴和太阳耀斑突然发出的γ射线闪光。

费米γ射线空间望远镜的科学目标很广泛，包括：了解活动星系核、中子星与超新星遗迹的粒子加速机制；了解未确定的宇宙γ射线的来源；确定γ射线暴的高能状态与瞬时状态，进一步了解它的机制；探测银河系中心的超量γ射线，以利寻找暗物质；研究极早期宇宙的微型黑洞蒸发，以确定γ射线暴和霍金辐射的关系；进一步探明γ射线背景辐射的本质；探究早期宇宙中能量如何转化成质量；寻找暗物质由大质量弱相互作用粒子组成的证据等。

费米γ射线空间望远镜有一项著名的发现：当人们用它找到超新星遗迹CTA1所包含的中子星——它距离地球约4600光年——时，发现这颗中子星竟然仅仅发射γ射线，而没有其他波段的辐射。这种史无前例的现象，非常值得更深入地研究。

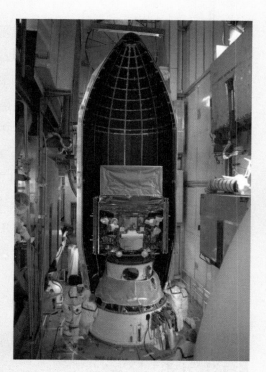

2008年5月到达佛罗里达州卡纳维拉尔角肯尼迪航天中心的"费米γ射线空间望远镜"卫星本体

另一个著名事例是，2008年9月记录到的发生在船底座的γ射线暴GRB 080916C。这次爆发的能量相当于9000颗超新星爆发，其相对论性喷流的运动速度至少达光速的99.9999%。换言之，GRB 080916C独揽了"目前所见最高的总能量、最高能量的初始辐射、最快的运动"这样三顶笑傲苍穹的桂冠。

人们深切地期盼，费米γ射线空间望远镜还会带来更具有里程碑意义的革命性新图景和新发现。

前程似锦

为了探索宇宙的奥秘，天文学家们练就了令人自豪的"十八般武艺"。与这般"看家本领"相伴的，就是天文学家的利器——五花八门的天文望远镜和探测器。

前文简介了注视宇宙的慧眼——天文望远镜400多年来的历史，但仍有许多重要话题尚未述及。例如，欧洲空间局于1989年8月发射的天体测量卫星——"依巴谷卫星"（简称Hipparcos），以空前的精度测定了12万颗恒星的位置、自行和视差，就是一项了不起的成果。根据"依巴谷卫星"的数据编制的星表，至今仍被国际天文学界认为是最可靠的。

又如，美国于2009年3月发射的"开普勒空间望远镜"，是专为搜索太阳系外行星系统——称为"系外行星"——而研制的。它在投入使用的头6个星期，就发现了5颗系外行星。在4年多的工作期间，共观测了天鹅座和天琴座中的10余万个恒星系统，找到了上千个系外行星，其中有的星体本身和周围环境都同地球颇为相似。2013年5月15日，开普勒空间望远镜由于故障而被迫停止搜寻系外行星的任务。2013年8月18日，美国国家航空航天局表示修复无望，正式宣布结束其主要使命。

再如，欧洲空间局的"达尔文计划"，又称"达尔文空间干涉仪"或"达尔文望远镜阵列"，目标也是发现太阳系外的地球型行星，寻找地球外生命的线索。这一计划构思已久，方案屡经修改。最新的设想是发射8艘飞船，其中6艘飞船各携带一台1.5米口径的反射望远镜，排列成一个直径100米的望远镜阵列编队飞行，要求精确地做到同时观测同一个天体。观测在红外波段上进行，6个反射镜获得的信号由第7艘飞船综合成一个图像。图像合成时，要使恒星光互相抵消、削弱，行星光则互相叠加、增亮，以利提高发现系外行星的能力。最后，再由第8艘

欧洲空间局"达尔文计划"的艺术形象图

飞船把所得的图像传回地球。达尔文望远镜阵列的聚光能力，与一架口径3.7米的单镜面望远镜相当，分辨率则相当于一架口径100米的单镜面望远镜，整个计划预期在2015年或稍迟些正式实施。

当然，还有形形色色的太阳望远镜以及用于其他特殊目的的各种地面和空间望远镜。总而言之，望远镜的发展导致了全波段天文学的兴起，这使人类对天体的认识更趋完善，对许多天文现象的了解摆脱了瞎子摸象似的窘境。随着高新技术的发展，各波段天文望远镜的性能都在迅速地提高。当今，对于全波段天文学的展望，完全可以用八个字来概括：方兴未艾，前程似锦！

【2014年3月17日补记】本书交稿之日，作者深感有必要为升空未久的"盖亚"补书几笔。这是一架先进的空间望远镜，由欧洲空间局研制，重2.03吨，全名是"Global Astrometric Interferometer for Astrophysics"，意为"用于天体物理学的全球天体测量干涉仪"，简称GAIA，"盖亚"是其音译。2013年12月19日，"盖亚"由俄罗斯的"联盟-FG"运载火箭在南美洲法属圭亚那的库鲁发射升空。

"盖亚"的任务，包括探测10亿颗恒星——这一数目超出"依巴谷卫星"探测星数的50倍——的空间信息，并绘制迄今为止最精细的银河系"地图"。"盖亚"将从2014年5月开始进行恒星巡天，此前它要先运行到日地系统的第二拉格朗日点L_2。那里不受太阳、地球和月球的杂散光线的影响，全年都可以进行观测。基于地面上的望远镜监测网，"盖亚"在L_2点的位置每月都要调整一次，以确保其精度在100米以内。

"盖亚"的服役期为5～6年。它最出彩的关键部件是其超高像素的照相机——像素达10亿之巨！它探测的10亿颗恒星，每一颗都将被重复观测70～100次，据此可以极精确地测量恒星绕银河系中心的运动，对深入了解银河系的起源和演化将会大有裨益。"盖亚"所携带的传感器，探测能力胜过人眼的4000倍，其分辨能力相当于在1000千米之外看清一根头发。欧洲空间局很形象而自豪地做了这样的比喻："如果说'依巴谷卫星'能够测量的角度相当于（在地球上观看）月球上一名宇航员的身高，那么'盖亚'就相当于能够分辨他的指甲。"

"盖亚"的第一幅3D地图预期将在2年内绘制成功。这项工作很复杂，因

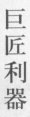

空间望远镜"盖亚"的艺术形象图。2013年12月19日发射成功，进入轨道后展开的圆形遮阳板直径约11米

为地球在运动，恒星也在运动，而且如果一颗恒星周围有行星环绕的话，那么行星的引力还会使母恒星的运动发生"晃动"。天文学家必须对观测资料妥善处理上述这三种运动。而另一方面，也正是基于这种"晃动"，人们才有可能发现大量太阳系之外的行星。"盖亚"也许能探测到1万至5万颗太阳系外的行星；探测到上万颗尚未达到极大亮度的超新星。对于太阳系，"盖亚"还将列出一份太阳系小行星和彗星的清单。它不仅包括近地小天体，包括火星与木星轨道之间的小行星带，而且还包括外太阳系的柯伊伯带。

"盖亚"的巡天观测一旦开始，将会生成海量的数据。预期在执行任务期内，"盖亚"将会产生100TB的原始图像数据，相当于32 000小时的DVD电影。"盖亚"的最终成果是星表，预期在5年巡天任务完成之后再过3年发表。国际天文学联合会天文发展办公室东亚分站负责人、北京大学科维里天文与天体物理研究所（简称KIAA）的何锐思（Richard de Grijs）教授说得好：

　　　"北京大学和上海天文台的很多中国天文学家都正式加入了'盖亚'
数据的开采工作。第一位中国自己培养的研究'盖亚'相关课题的博士生
即将在北京大学进行答辩。对我们来说，毫无疑问，振奋人心的时刻已经
到来。对于这些来自迄今最具雄心的天文项目的海量数据，中国天文学家
已经磨刀霍霍，准备好开发这期待已久的宝库了！"